U0164671

葉鳳英——著

人生是一場
美麗的修行

LIFE

IS

A

BEAUTIFUL

PRACTICE

坚毅自信何惧出於

草根风险临风先修得

圆融柔韧

二十一年初夏平凹

贾平凹 题

踏上塗料的旅程，人生注定精彩

　　幾乎是一口氣讀完了這本葉鳳英女士的自傳，內心久久不能平靜，萬千思緒也是久久無法拉回到現實中。追隨著葉小姐成長、成熟和成功的軌迹，葉小姐多彩的人生，美麗的事業，讓人欽佩的同時，更能讓人生無限共鳴。

　　時時面對超越自我的人生上半場，葉鳳英女士活出了精彩，活出了自我。在塑造自我的人生中，堅持，讓她在孜孜以求的學習中，不斷地進步不斷地獲取，從讀夜校到學習英文到讀香港理工會計財務專業，到擁有MBA學位，到踏進塗料的殿堂，讓我們真正看到了學無止境，永續追求；從文職助理，到工業會計，到葉工程師，再到總裁，又讓一段堅毅且不知退縮的華彩人生躍然眼前。

　　而對於葉小姐最精彩的，莫過於踏上為生活上色、為世界添彩的塗料跑道的美麗事業。經歷了鳳凰涅盤的重生，拓荒，又讓她完美地詮釋了「人生，來自不斷地挑戰」！從夢幻的貝殼漆，到被認可的國汽車塗料，再到第一個吃螃蟹的水性集裝箱塗料，每一步，都在創新中前進，都引領著行業前行的步。

天地華彩，演繹維新！無疑，維新，是幸運的。葉鳳英女士「上善若水，厚德載物」的精神，滋養著維新，造福著人間；「開墾心湖，擴至心海」的胸懷，壯大著維新，感召著同路人；「無為而治，有為在先」的理念，引領著維新，成就著維新。

　　時至今日，維新，作為中國塗料民族品牌的先導者，已毋庸置疑，未來，也定將繼續海納百川，回饋社會！

　　也祝願葉鳳英女士活出更稱心的自己，更多彩的人生！

中國塗料工業協會 會長

2021年7月

推薦序

　　「巾幗不讓鬚眉」，在擔任香港女工商及專業人員聯會會長期間，我有幸認識了許多在社會不同領域發光發熱的傑出女性，撐起新時代的半邊天，葉鳳英女士就是其中一位。

　　憑堅毅鬥志小本創業，以非凡魄力勇闖高峰，進而成立教育基金回饋社會，讓鳳英於2005年榮獲傑出女企業家大獎。依然記得當時站在頒獎臺上的她，談吐溫文儒雅，態度從容淡定，充分顯示了傑出女企業家的智慧與風采。

　　正如書名《人生是一場美麗的修行》一樣，細讀這本自傳，當能從字裏行間感受鳳英經歷過的甜酸苦辣：在父母「無為而治」的家教中成長；在職場打拼磨煉中尋獲方向；繼而在不同人生跑道上勇往直前，在企業家、太太、母親、女兒等多重角色之間游刃自如。

　　鳳英接受訪問時曾經說過，自己成功的秘訣，無非是「以感恩之心面對事業、家庭和人生」。或許，「感恩」和「平衡」正是閱讀這本自傳給我們最大的啟迪。

希臘哲人柏拉圖將人的心靈劃分為理智、意志與情感，對應的就是真、善、美的精神價值。作為現代女性，我們既要努力平衡事業與家庭，亦要懂得感恩，珍惜生命的每一刻。

我非常高興，鳳英透過她的親身實踐，畢生追求真、善、美的圓融貫通。

我衷心祝福她在人生美麗的修行之路上越走越順、越走越寬，亦期望有緣讀者能從鳳英的步中有所感悟，創出自己的一片天地。

鄭李錦芬

香港女工商及專業人員聯合會第二屆會長

2021年6月30日

再版自序

　　在歷史的長河裏，人的一生是極為短暫的一瞬，但對於個人，那一瞬便是永恆，每一個當下都是那麼的彌足珍貴，但遺憾的是，往往因事過境遷而被淡化或遺忘。感恩人類有文字，可以將每一剎那珍藏在自己的時光收錄系統，可以塵封，也可以翻閱或分享，讓曾經的甜酸苦辣、風險風光，在某個夜闌人靜的晚上，穿越時光，賺得一份傷感或興奮，收穫一個笑容或一滴傾心的淚花。

　　驀然回首，這本原名《跑道》的自傳已出版16年了，這16年，仿若昨日之短，又如隔世之長。也許是我仍有太多願望未達成，也許是我太蒙恩寵，不捨時光流逝。再版書名改作《人生是一場美麗的修行》，本應添加這16年的經歷與感受，是立足今天或展望未來。雖然我曾嘗試努力去做，但總不能讓自己稱心，也許是我無法以今天的心境與那個當下的筆觸完全共融。我有點感慨，有點唏噓，真真實實地明白，時間送給人類的禮物叫做「變化」。這由不得你，願意與否都得接受。最值得慶幸的是，你仍是這

「變化」的主人，有能力見證符合期望的自己，只要你願意為之付出真誠與努力，我也將這「變化」視為一場美麗的修行。

願有緣分享者都能珍惜每個當下，活出最好的自己。

葉鳳英

我與父母弟弟妹妹在石龍(1970年)

東南商科同學合照(1977年)

與商科同學郊遊(1977年)

理工學院畢業合照(1979年)

北京 (1980年)

內蒙古大草原(1980年)

移居香港後第一次回鄉(1980年)

華僑書院大學畢業(1981年)

家中慶生 (1986年)

我的兒女們(1988年)

我與丈夫在日本商務旅行(1994年)

與荷蘭阿克蘇諾貝爾代表簽訂SCA樹脂中國唯一用戶協議(1996年)

父親八十大壽 (1999年)

琴聲漫語 (2000年)

第一期修補漆培訓班(2000年)

全家福(2000年)

維新集團助學捐贈儀式(2003年)

獲得MBA證書(2004年)

目錄

目錄

緣起

　　今年6月，一位朋友要出書，邀請我為她作序，也許是她的書名太觸動我的心，《生命因你、妳、您舞動》，我馬上答應了，只用了一小時，把我自己的感受傾出。寫完之後，竟被自己感動了，有笑有淚的人生竟然是如此的精彩，強烈的分享感受，驅動我執筆寫成了這本《人生是一場美麗的修行》，動力的緣起，就是這篇序文：

　　我的筆因你的邀請而舞動，

　　我的心為這個絕佳的書名而舞動……

　　我突然感悟到貴為人類的興奮，在群居的社會，被你、妳．您簇擁者。回想每日的足跡，有哪一步不是因為有你、妳、您而充滿動力？！

是你妳您——使我的心湖靜如明鏡

是你妳您——使我的心湖輕泛漣漪

是你妳您——使我的心湖擊岸高歌

是你妳您——使我的心湖驚濤駭浪

　　我在這憂喜悲歡的人生樂譜中成長、成熟，並將之編成我的生命舞曲。因為在乎你、妳、您，我學會了諒解、忍耐與包容；因渴求與你、妳、您為伍，使我敢去幻想、敢去擁有：

10 歲的童真　20 歲的青春

30 歲的風韻　40 歲的成熟

50 歲的穩重　60 歲的豁達

70 歲的彌堅　80 歲的舒坦

　　全因為你、妳、您，我的生命活得如此豐富：

讓我在呵責聲中自律

讓我在教誨聲中自強

讓我在嘉許聲中自重

讓我在感謝聲中自勉

　　我的跌倒，有你、妳、您的攙扶；我的成就，有你、妳、您的歡呼。每一天的精彩或疲累，都是因為有你、妳、您的贈送與需求，讓我活得有笑有淚。教我珍惜失落、快樂的過去。不應有恨，群體的生命實在太精彩。我期盼著在我的未來，我的呼喚、我的低詠、我的高歌……都有著你、妳、您的拍和！

引子

　　在我28歲那年，曾去拜訪一位相士，他仔細地看了我的面相及手相之後，很認真地平鋪直敘了我的過往及未來近一小時。其間我並無與他對話。他說：「恕我直言，你應該出生於一個並不富裕的家庭。在你出生時，不但家境不富，而且父母健康欠佳。你的早年看不出有歡欣及得意的痕跡，一般人在18歲以前，獲提供的人生基礎你非常欠缺，因此，在你的一生中，你的一切所獲，都需要比別人付出更多……」

　　相士的話是對的，我確實是在一個並不富裕的家庭度過我坎坷的童年。我的父母育有九名兒女，我排行第七。我出生時，正值寒冷的初春。父親失業生病，仍支撐著與母親一起靠小本販賣維持生計。我無法記得當年的居住環境及生活狀況。長大後問起父母時，父親不語。媽總是神情戚然地說：「唉，別

3

提了，你們沒餓死已值得謝天謝地。」我的父母養育我們九個兄弟姐妹，確實不容易。可以想像我們出生的40年代中至60年代初，那段日子生活是如何艱辛。父母以把我們養大為最強烈的目標，以最大的忍耐與堅持，使我們都存活了下來。

偶然談起往事，媽總是愧對過往，認為沒有給我們提供兒時應有的照顧。但我們都明白，雖然他們沒有提供什麼教育，沒有太多的說教，沒有太多的呵護，但身教我們努力換取自己所求。九個兒女到今天都身心健康、小有成就，我們的父母真堪稱無為而治的典範。

2004年3月15日，北京世紀金源大酒店。會議廳精英聚首，名流雲集。在燈火通明的會場上，「中國3‧15論壇」的紅色條幅格外醒目。

這是「中國品質萬里行」舉辦的一年一度的中國品質高峰論壇，受邀企業必須有行業知名度，同時企業產品品質也要有很高的社會美譽度。維新集團很榮幸地收到了論壇組織者的邀請，也是在這次會上，維新集團被授任為「中國品質萬里行」首家塗料企業會員單位。

作為維新集團的代表，我也應邀在會上做主題演講。我的演講主題是《中國製造的不足、成就與機遇》。

1995年，我剛到內地投資建廠，當時的中國市場（包括香港地區）還沒有自己研發及製造的高檔汽車面漆。我們彙集了有關資料及數據，成功地說服了荷蘭的阿克蘇、奧地利的維諾華、德國的拜耳等世界著名樹脂廠達成合作協定。我們描述了中國汽車漆的市場現狀及前景，引起了他們對中國市場的極大興趣，願意以技術合作來支持我們發展中國市場。

當時我很興奮也很驕傲，在一群不同國籍的制漆專家支持下，我們汽車業界朋友的幫助下，充分瞭解中國塗裝特點的前提下，研發出了適合中國不同地區、不同設備、不同工藝生產線使用的高檔汽車面漆。實現了能夠為每條生產線提供量體裁衣式的產品及服務的理想，既克服了國內產品的技術及品質不足，又填補了進口品牌不能為不同塗裝條件生產現場進行調整的缺憾。

但在創業初期，被拒絕的最多次的理由是：「我們只採用進口塗料，外國品牌，當然比國產的可靠。」當時我很茫然，也很洩氣，我們中國人要買什麼？我們中國人的民族尊嚴何在？我不甘心我們對汽車塗裝的服務誠意及努力開拓的品牌將泯滅於這些主觀的價值意識中。我們以更積極的行動，不斷地向汽車製造廠陳述我們產品的服務品質及特性。幸好，汽車製造廠有能力鑑別不同產品的品質差異，在充分溝通及共同努力下，廠家對

產品進行了嚴格的測試及現場磨合調整，慢慢地我們獲得了一些客戶的信任，在崎嶇的狹縫中獲得了一線生存的空間。但到目前為止，在中國生產的外國品牌汽車，仍然把中國製造的塗料拒之門外。我們的建築塗料在推廣的過程中也經常碰到客戶類似的詢問：「你們的'華天侖'牌塗料是進口的還是國產的？」看來，要打破根植在我們中國人心中的國界壁壘，還有待全民族共同努力。

中國製造真的是存在著根本的不足嗎？我們有否給出中國製造的定義呢？我們不要狹義地理解中國製造就一定有局限性。所謂中國製造，我的理解是在中國註冊的企業，以中國人為代表，研發資源屬於該企業所有（無論在何國，由何族裔人士研發）。在中國生產的產品，可以界定為中國製造，所以中國製造應該是一個中性的產地描述，不含褒貶的色彩。我會坦然地承認，我們國內的研發能力相對國外某些國家要薄弱一些，如果我們固步自封，那中國製造的產品品質將不會有所提高。我認為，智慧無處不在，既無國界又無種族之分，好的產品是基礎於有社會責任感，對事業有強烈目標感的企業家，帶領他們的團隊深入探索並研發出能滿足社會需求的產品。

我很感謝中集集團總裁麥伯良先生及黨委書記馮萬廣先生給維新一個展示企業綜合實力的機會。中集集團是全球最大的貨櫃供應商，擁有市場份額超過50%。其貨櫃使用的塗料是傳統的溶劑型，均為進口或由歐洲漆廠授權在中國生產的。2003年

10月，我們與中集正式簽訂了合作協定，共同開發水性塗料。維新負責塗料開發及應用研究，中集負責使用流程的配合，智慧財產權屬於雙方共同擁有。目前，該合作專案已進展到生產線應用中的試階段，將在今年正式投入生產線上的使用。過去大量使用溶劑塗料的污染現狀，將會由我們合力改寫。

今天，能列席論壇，與各位社會賢達分享我在內地經商近10年的感受，我深感榮幸。保護消費者利益，我認為是引領社會進步及國民走向理性消費的一項永續性工程。要推動國民對「中國製造」產品的認可，需要政府、企業及社會各界共同努力才能達成。

目前，中國正處於經濟高速增長階段，物質資源比以往任何時期都要豐富。人們在較缺乏物質的時代迅速步入商品供過於求的時代，這些良莠不齊的商品令人們在選擇上感到迷惘。這一階段企業經營者的社會責任感還是比較薄弱，商品對消費者的利益訴求不能得以滿足，而消費者不可能是品質鑒定專家，所以，購買的動力往往基於對品牌的信心。由於歐美及日本市場經濟發展較早，供應價值鏈的建設比較成熟，所以歐美產品的品牌信譽度比較高。相較起來，國內產品品牌信譽度還普遍偏低，這樣就可以理解消費者對中國製造的商品持保留意見及觀望的態度。

我深感「中國品質萬里行」正承擔著引導消費者理性消費的重任。希望有一天消費者都能認識到，中國製造只是一個中性的

產地描述，而不是品質判定的標準。我期望「中國品質萬里行」能每年選擇一兩個特定的行業，並與該行業協會合力評選出數家產品品質優異、經營運作良好且有持續性競爭優勢的行業代表，公開其產品技術參數及其企業對消費者的承諾，並肯定其產品優點，使消費者有安全感地選擇品牌，從而幫助消費者建立理性的消費觀，那麼，中國製造就能改變一些不足的因素，從而在生產成本、地理環境、社會文化等優勢的作用下，中國製造產品的成就與機遇就會比進口品牌更具優勢。

我的發言取得了與會者的共鳴，他們用持續的掌聲來表達對我觀點的認同，我學會了享受掌聲的嘉許。

職業人

「崇尚水之大德，以善萬物為鑒。」這句話成為我的座右銘。從我第一天到香港，對香港環境的適應如水入澗；對自己上進的渴求如川流之水不舍晝夜；這種水性有助於我在那樣陌生的環境下，正確地把握自己的人生職業航向，一步步從無知走向成熟，因無畏成全事業。

曾經的我自卑、拘謹、內向、沉默寡言、遠離人群……

今天的我與所有的人分享著我的攀爬心得。常有記者問我，得到今天的一切我是否付出很多。我也常常笑著反問：你應該問我是否得到很多。

是的，我今天能在自己的跑道上享受多重角色的人生，我很感恩。

在我參加「中國品質高層論壇」的前一天，我還在父親的靈柩邊，參加他老人家的葬禮。已經八十四歲的父親，在經過最後二十幾天的治療後，終於平靜、安詳地與世長辭。對於父親的離世，我並沒有過多地沉浸在悲痛之中，卻思索了很多很多⋯⋯

84歲，也似乎是倏忽而過。剛會數數的小孩子掐著手指也能輕易地數到。如果人生是跑道，它的終點並非無限。父親的辭世給我敲響了警鐘：生命無常，要與時間賽跑！如何在有限的里程裏演繹精彩的人生，如何讓維新成為一家公眾的、讓客戶信賴的「中國製造」的大型企業集團呢？我應說這些是在我有限的生命裏演繹無限精彩的平臺。

在參加「中國品質高層論壇」回來不久，我拿到了澳洲南澳國立大學的MBA學位證書。這，也讓我喜悅了很久。

如果是在兒時已認識我的人，一定會驚詫於我的改變。

我的起點也許比很多人低——在十八歲那年，我只是一個小學五年級肄業、懵懂、未見過任何世面的無知女孩⋯⋯

第一份工作

別人在探詢我的故事時，總要刨根問底，想知道我小時候是不是就立下了什麼宏願。這種心情我頗能理解。人們在讀名人傳記的時候，常常注意到四個字：「少有大志」。人們更願相信名人少時也肯定不同凡響。

所幸我不是那種從小就確立了大志的名人，而說起來慚愧，我兒時的理想是「能把小學讀完，然後到工廠裏做一名女工」。可遺憾的是，這一理想也並未實現。

讀小學五年級的時候，我的成績雖然仍然名列前茅，但還是跟哥哥姐姐一樣輟學了。離開學校後，我一直在家裏打理家務，這種情況一直持續到1976年9月7日。農曆八月十四日，我離開了東莞老家，來到了香港。

內地與香港，過去與未來，分明就是兩種不同的生活。

在車上的我，仿佛站在夜幕漸開的黎明，我要告別安靜祥和的夜，而曙光照來，香港的清晨會是怎樣一番景象呢？

「香港是一個用錢構成的社會，到處都是冷冰冰的」，「香港沒有什麼人情味⋯⋯」在家鄉，我就被動地接受了這樣對香港的描述，所以在路上我有些怯生，也很害怕。但是好奇卻佔據了我的大部分思維。好奇心不僅來自對未來在香港生活的暢想。還有我的大哥，分別七年的大哥，我還能認出來嗎？

來接我的是我的大哥，雖然已經七年未見，我還是第一眼就認出他來了。按照我當時的想法，大哥很洋氣，他的氣質沉穩、優雅，渾身仿佛被一層活力的光圈籠罩，這是一種引人注目的魅力。也許在我眼裏大哥始終是個偉岸的人。大哥看著我，很開心地笑著，他的笑容勝過清鮮的海風，消解著我對異域土地的不安。雖然我手上沒有行李，身上沒有分文，只要有大哥，一切都變得安全了，他幫我登上了「恒昌行」的車。從新界出發，經過九龍半島、香港島，我們十一點才到西環北街我們家人住的小房子裏。

我至今還能記起那天晚上的感覺，那似乎是一個特別適合重逢的夜晚。

因為夜晚的緣故，車環島而行，看不清其他的建築物和兩邊的景物，很多汽車在馬路上風馳電掣；色彩繽紛的霓虹燈，耀眼奪目。

燈光透過車窗照過來，像溫情脈脈的懷抱包容著我。我仿

佛跨越千山萬水而來，家鄉的一切消失得無聲無息，我十八歲以前的天空變得模糊了。五彩的燈光和五光十色的都市雖然讓我忐忑，但它蜿蜒開來的道路，卻讓我對這個世界充滿憧憬。

也許是已經知道我要過來的緣故，家人都集中到狹小的房子來，久違了的熱鬧沖淡了我對香港的陌生。我努力地打量著周遭，充滿純真的好奇。新環境、新生活，這是我以前曾做過的夢，居然會在一天，令人難以置信一股腦地湧到我的眼前。興奮，大半夜了我的心都不能平靜。

到香港的第二天是中秋節，聞知我抵港的消息後，我那在臺灣讀大學的六姐也趕過來，離別了七年之後，我和家人終於過了一個團團圓圓的中秋佳節。

關心我的六姐替我在香港的生活做了打算，在來香港的第三天，六姐幫我在夜校報名並送我上學。

週一到週五，我在「救恩夜中學」裏學習英文；週六到周日，在「東南商學院」學習會計課程。

就在我上夜校的那一天，我跟隨大哥到了他的公司，開始了我的第一份工作。

與我小時候的理想大不相同的是，我沒有進車間，而是在辦公室裏做文員的助理。

做這樣的第一份工作，我有些惶恐。我不知道即將面對的是什麼，也不知道自己能否做好公司的事務。一切都是陌生的，當時我對工作不敢有什麼特別的要求，就像我對生活一

樣。那時候的我因為非常普通不引人注意，所以自卑感極強，自我封閉，不愛說話，總想躲在角落裏不被人發現。

我怎樣才能勝任即將開始的工作呢？雖然大哥沒給我壓力，讓我慢慢地學，我還是幾乎整夜未眠。早晨，我早早地起床，穿上姐姐的一件蘋果綠高領襯衫，配上一條牛仔褲，褲子把身體包得緊緊的，我好像頭一次在鏡子前端詳自己，發現自己身材有點胖，頭髮也有點亂，連忙又找了一條猴皮筋把頭髮綁起來。鏡中的我，總是不能讓自己滿意，但當時的我也無能為力。

我知道，工作是改善我境遇的唯一途徑，所以我一定要把工作幹好。

當時大哥沒有直接指導我的工作，我唯一的上司是一個文員兼會計，她是我的入職導師。但對於我這個下屬，她似乎並不以為然，也許她認定我像很多內地過來的姑娘一樣，俗氣、不長進。

我在這份工作裏遇到的困難是以前從來沒有設想過的。由於我當時的語言組織能力相當差，而且發音帶著明顯的東莞鄉下口音，所以連接電話這樣簡單的事情，對我來說仿佛也是一種很難企及的難事。那時候我能做的事情唯有幫上司抄抄送貨單，這些事情只要仔細就可以解決好的。還可以跑銀行，只是處理不了複雜的業務，只能辦理存款罷了。

我也有自己擅長的事情——做飯。大哥公司的業務當時正在慢慢地步入軌道，按當時的經營模式，對員工是提供午餐的，公

司請了一個廚師專門負責做飯。但時間一久，同事們漸漸對伙食有些厭倦，甚至罷工宣洩不滿。這事情回饋到大哥那裏，大哥就讓我做了廚師的後備人選。於是我就到廚房拿起大勺，做飯、洗碗的事就全包了。一個人在廚房裏忙著，倒覺得有些貢獻和滿足。

那時候我基本上奔波於三個場所：白天是恒昌行，週一到週五晚上是救恩夜學校學英文，週六周日到東南商學院學習「會計簿記」。

工作的時候我很難走出自卑的羈絆，唯有在夜校，在書本裏，在久違的書香裏，我才能沉下心來，不再彷徨和焦慮。我也才能冷靜地反思自己：我與周圍的人怎麼有那麼大的差距呢？同在一個教室，為什麼別人看上去那麼自信，打扮得那麼入時，而我卻不行呢？我為什麼不可以修正自己呢？

我開始試著模仿大多數人的樣子修剪自己的頭髮，開始注重衣服的色彩搭配，注意修正自己的家鄉口音，不再躲在角落裏，開始主動地和同學打招呼。

這一改變令我十分驚喜，我開始意識到在恒昌行，我也可以做到這樣：融入公司，尋找自己的路。

有這種想法之後，我不再在乎上司和公司的其他同事怎麼看我，在他們交待工作或者電話溝通的時候，我總是拉長耳朵傾聽，我知道要先成為他們，才能超過他們。我不甘心自己總是打著鄉下丫頭的印記，要讓自己快速成長，希望在某一天早晨

醒來的時候，我帶著方言的發音和與環境不協調的行為都隨風而散，我，變成一個能融入公司全新的人。

當初，越是想在公司表現得好一些，就越緊張，以至於自己都懷疑有一些動作是不是自己做的，上司曾對我處理事情急於求成的態度提出批評。還好我沒有在她的眼光裏洩氣，通過聆聽，求教，逐步找到與同事相處的感覺。

我順利地處理完了第一個業務電話；我為自己剪了第一個和別人一樣的髮型；我在公司掛上了自己的笑容……這一切都如魚兒回歸大海，我開始變得自信，對工作和生活的想法也越來越多了。

在接觸第一份工作以來，我並沒有接觸過老子，也不知道老子關於水之大德的論述，但我已經學會了如水一樣甘願處下，謙虛謹慎。這也許是中國古文化從小就在我心裏植根的原因吧。

傾聽是一種好習慣。老子說：上善若水。我把自己定位成水，靜謐地在低處聽同事的業務建議或者處世法則，這使我儘快地掌握了工作技能和交際方法。

雛鳥學飛

　　我在東南商學院的老師，也是該學院的校長梁先生，因為他又當校長又當老師，那時我們都叫他「一腳踢」校長。

　　因為我超常努力，用九個月的時間學完了規定一年的課程，所以深得他的賞識。在我的會計基礎結業前，梁先生在批改我的功課時，似乎不經意地說：「你可以去試試考香港理工學院的工業會計。」

　　「理工學院」四個字如雷貫耳，我何德何能敢去敲門？梁老師從我的眼神讀出了我的心事，慈愛地笑笑，說：「你可以的。」

　　聽了梁先生的話，我決定去試試。

　　這個決定意味著我要更加辛苦了，但這對我其實並不是問題，到香港的第一天，我的夜晚就交給了學業，相對於其它同事或者同鄉晚上得到的娛樂或放鬆，而我從書本中得到的卻是足以

勝任工作的資本，或者更長遠一點說：我得到了未來。

成功考入理工大學後，我增加了幾分自信。我開始想試試自己的身手，大哥看我在公司的工作已經輕車熟路了，也鼓勵我出去看看外面的世界。

那時香港經濟的迅猛發展創造了相當多的就業機會，很快我就應聘到「發達眼鏡廠」做會計助理，月薪900元港幣，一年後薪水加到了1100元。

與第一份工作一樣，作為助理會計的我，更多的是在上司的吩咐下做事。當然，這一份工作做得更專業，而不像一個雜工。如果按照管理學上的術語來說，我是一個執行者，雖然會填發貨單及相關賬務，但也會嘗試做利潤表。

那段時間執行和貫徹的工作經歷，給我後來的職業發展和創業打下了良好的基礎，我總覺得一個優秀企業管理者不可能從開始就高高在上，總是要從細小的事情一步一步地做起來，直到觸類旁通之後，才有機會做更高層次的事情。

在發達眼鏡廠工作18個月後，我對企業財力的基礎工作已經稍有熟識了。這時，我開始有意識地考慮到自己的職業發展道路，很明顯，擺在我面前的有兩種選擇，一是繼續做會計助理，等待公司提升；另一種是另謀工作。我觀察著發達眼鏡公司的態度，他們似乎想讓我在助理會計的崗位上一直做下去，漸漸地，我開始失望起來。那時候，雖然變得自信一些，但說起主動性，還是顯得不夠，這就註定了我不可能自己同發達公司提出升

職的要求。最後，我選擇了離開。

在求職的過程中，我的履歷引起了一家規模不算大的洗衣廠的注意。他們正在招聘會計。通過一次面試，我得到了這份工作。

作為正式會計，我開始在公司財務方面獨當一面，薪水也提高到了每個月1300元。用不著花很多時間，我就在新的崗位上得心應手了，也得到了股東老闆們的賞識和信任。

15個月後，志達集團收購了這家公司70%的股份，原有股東的持股比例下降到總股本的30%。洗衣廠也因此進行了大幅度的調整，但30%的股份需要有人參與管理，選誰呢？

我很在乎這樣一次機會，如果能保留財務一職，這代表我可能會參與到新公司運作的決策中去，我將贏得一個機會，能在更高的平臺上理解企業的整體運作。我是有優勢的，因為我已經是財務的專業人士了；同時，公司股權變更的時候，我表現出財務人員應有的沉著冷靜和應付自如，並在財務核算方面盡可能地維護了老股東的權益。

後者成為老股東信任我的關鍵。他們最終選擇了我作為原股東代表，參與重組後的工廠管理，同時代表原股東管理那30%的股份。在重組後的工廠，我的職務仍是工廠會計，但責任重了很多，除了原來的工作外，還要代表原股東行使30%的股東權益，維護原股東的應得利益。而原股東們也開始籌畫新的投資專案。

在志達集團工作了幾個月後，老股東們告訴我，他們又投資了酒樓，並徵詢我的意見，看我能否回去做酒樓的會計主任。

這家酒樓名叫「凱旋樓野味海鮮酒家」。酒樓的股東有十一個，由供應商和其他商家組成。對於酒樓的管理，我沒有任何的經驗，也許跟工廠差不多吧。

所謂初生牛犢不怕虎，我答應了他們的要求。

直到真正接觸酒樓的會計工作我才知道我低估了這裏的壓力。壓力並不只是來自工作，酒樓每天的現金流動量都比較大，人力成本佔總體成本的比重遠遠高於工廠，採購週期細化到了小時，憑著兩三年的會計管理工作的實踐經驗，再加上我孜孜不倦地學習，這些我都可以適應。讓我頗難應付的是酒樓的結構治理情況很不理想。豈止是不理想，是相當的糟糕。十一個股東，而且每一個股東都跟酒樓的相關業務有著很大的關聯，比如說有的股東賣酒給酒樓，有的賣肉給酒樓，那麼他會格外關注酒樓的採購價格，還有所有的支票都必須要三個股東的簽字才可以生效，這無形中降低了工作效率。雖然因為利益糾纏令人心累，但酒樓的生意很好。

在酒樓工作有另一個樂趣是下午三點半和同事們一起悠閒地喝下午茶。

很多同事聚在一起，有大廚、有跑堂，大家海闊天空無所不談。更多的是我們一起研究食譜，大廚給我們講菜式的搭配，色彩的搭配，他們津津樂道，我們也聽得聚精會神。在這樣

的場合下，我學會了調配食譜，也學會了去餐廳該如何點菜。唯有這段時間是最輕鬆的時刻，一大群人吃著海鮮、美食，愉悅著胃，也讓緊張的精神放鬆下來。工作與休閒結合才能使自己的精神不在疲憊中消沉，也不在緊張中壓抑，我關於工作與休閒的平衡理念似乎從這裏得來。

在這裏工作期間，雖然有一些輕鬆的點綴，但我仍覺得自己就像浮萍一樣飄在利益爭鬥的漩渦裏，在職場說話、辦事都小心謹慎，如履薄冰。在這種狀況下，做好自身的事還不叫做好，只有會迎逢每一位股東，學會在他們鬥爭的縫隙中自如地穿行才叫真正做好工作，然而，這種狀態讓性格坦誠的我又如何做得到呢？我只有繼續保持著謹言慎行的風格，繼續以客觀的態度來處理酒樓的財務問題，所幸，我一直做得不錯。

只有經歷了商場險惡的人，才能在市場競爭中把握企業的方向。這是在酒樓工作給我的最大啟示。

總經理助理

如果按照我當時職業發展的線條走下去，今天我可能是一個大公司的財務總監，我會擁有一間獨立的辦公間，透過窗外，看著維多利亞的海景，看著日出和日落，悠閒地數著日子過去。

顯然，這也是一份不錯的職業，至少是在穩定中不斷提升，而不用去承受過多的風險。但大哥卻提供給另外一條路讓我選擇，他發出邀請，讓我再回到他的公司。

那是在1982年我結婚之後。大哥特意到家中找我，他很希望我再回到恒昌化工（葉氏集團的前身）做他的助理。

恒昌化工當時已經有更大的規模，其業務已經涵蓋了更多的產品線。在這樣的情況下做大哥的助理對我來說挑戰性更大。

除了財務以外，我將會把觸角延伸到更多的管理崗位。如

果說以前在恒昌做事是大哥在有意鍛煉我，現在大哥更是在提供更多的機會讓我體驗，我為得到大哥的認同而感到興奮。

有了幾年在外磨礪的經驗，我又回到了起步的地方，感覺分外親切，雖然我知道工作起來會很緊張很繁忙，但精神上卻很愉快。又回到了熟悉的環境和哥哥身邊的感覺真好！

我喜歡這種老闆加雇員的雙重身份：既要像老闆一樣積極主動地為自己工作，也要像雇員一樣不以個人喜好，要服從公司整體利益的約束。

大哥是恒昌的總經理，那我就是總經理助理。

說是總經理助理，實際上我做的是辦公室主任的工作。

上任伊始，我就帶著6個文員全面負責會計工作，整理應收、應付帳款、接受電話訂貨、安排運輸送貨、採購原料、招聘員工、人事記錄等無所不包。我猜得出大哥把恒昌業務交給我處理的理由，他是想鍛煉我與客戶溝通的能力。當時大部分業務以電話訂單的形式開展，用電話來處理訂單流入，然後再排單送貨，再調配貨車。在這個業務流程中我成為一個樞紐，連接著每一個結點。

除了財務和業務管理，我同時負責招聘工作。恒昌那時招聘需要最多的是送貨工，這些人一般都是內地的新移民，他們的適應能力弱，而且都不會講廣東話。與他們的溝通成為一個難題，因為我普通話並不是很好。但這似乎是一個機遇，在與他們的交流中，我不僅知道他們對公司的想法，更重要的是，通過在

大哥公司五年的積累，我的普通話勉強達到了溝通的基礎。

在回到大哥公司前，因為自己的內向性格，我一直固執地以為自己只適合做財務工作。要知道小時候我是那麼的自閉，常常躲在一個小角落裏，總覺得自己和周圍的人格格不入。但是現在，我覺得自己徹底地改變了，儘管性格仍不能算是外向。但能自信地處理一切與人溝通的工作，同時在不斷的歷練中，我溝通的技巧不斷熟練，這又是我創業發展的必備條件。

感謝這五年來的人事與業務處理的工作經驗，使我明白了溝通的重要性，也養成了自己不溫不火的工作耐性，後來我的員工覺得我是一個特別容易相處的老闆，我想應該歸功於當時的磨練吧。

在忙碌中，日子過得很快。1987年，我懷上了老三，但這次我再比不得老大出生時的身體狀況，10月份漸漸覺得不能全力以赴，於是跟大哥提出離開恒昌，得到了大哥的理解及支持。

就這樣，我的職業生涯結束了。給大哥做助手，成為我最後一份工作。

十一年的職業生涯鍛造了我。我感覺從到大哥公司上班那天起，才真正開始把握自己的人生。

在每個白天我全力以赴地工作，在被我眷戀的書香味包圍的數不清的夜晚，我開始認識思考自己和這個世界，我不再是那個自卑、怯懦的小女孩。職業經驗和知識的豐富讓我日益成熟、從容和自信。

我終於站在了我的跑道上。

　　我的大哥，大家公認的謙謙君子，他的言傳身教，他和他的公司從小到大的成長和發展軌跡，讓我充分認識到怎樣才可稱是一個儒商，認識到機會永遠是為有準備的人而設的。

　　我一定會珍惜屬於我的機會。

創業者

古語云：「天行健，君子以自強不息。」可見，天道運行剛強、持久、徹底圓滿。而人應該效法於天，命運面前不低頭，應不懈地奮鬥、進取。

創業，猶如揚帆出海。必歷驚濤駭浪，更有一路風光。我在這色彩斑斕的創業旅程中探索著前進，一幕幕的驚險，一點點的成就，交織成這段有笑有淚的經歷。

「君子謀道不謀食；耕也，餒在其中矣；學也，祿在其中矣。君子憂道不憂貧。」這裏，學習是事業發展的前提。孔夫子說，君子不應該在乎目前的現狀，而應該學習，把眼光放得長遠一些，才能獲得將來的俸祿。這句話也可以引用作為我的創業先機：學也，業在其中。

事實也確實如此，如果我以十八歲那年的懵懂無知的狀況
發展下去，那樣只能埋首於田間灶台，能否做成一個工廠的女工
猶未可知，就別提自己去做一個企業的想法了。

救恩夜中學

　　十八歲那年，也就是我去香港的第三天，久違的學校在夜裏向我打開了寬敞的大門。

　　我的六姐為了讓我儘快地適應香港，並為未來的職業儲備知識，她在我去香港的當天，專程從臺灣趕回來，幫我在「救恩夜學校」<基督教會為平民子女所辦的學校>報了名，學習英語。

　　邁進教室的那個瞬間，一股電流竄導全身，我不知道是激動還是幸福。這似曾相識的環境讓我產生了強烈的歸屬感。當然這是夜校，昏黃的燈光均勻地灑在書上，老師柔和的聲音像夜曲一樣在寬敞的教室裏繚繞，這一切宛若我在靜夜做著美夢。第一個晚上我浮想聯翩，委實沒有把老師教授的東西吸收到頭腦裏去。但希望的種子已經發芽，封存的火苗已經燃起，我會抓住這一次良機讓自己有所提高。

我曾經是那麼一個渴望讀書的孩子，在心底曾強烈地渴望把小學讀完，雖然因為家裏成分不好，不能當上班長，但我在班裏的成績一直是名列前茅。

　　在讀五年級的時候，父親對我說：在學校也學不到什麼，你就回家幫忙吧。這句話不啻是一場暴雨，突然把我的眼眶澆濕，我無法抗辯，任由眼淚打轉。這之後我更加沉默了，閉上眼睛就想起同學，想起教室裏朗朗的讀書聲。

　　一個場景我現在還記憶深刻：有一次，我去割草，餵養家養的葵鼠，突然看到了學校的同班同學正列隊跑步朝我的方向奔來，我的第一反應是鑽進旁邊的甘蔗地裏。藏身在綠色的田間，掀開葉子，看到同學臉上燦爛的笑，我由羨慕轉向悲傷，說不出來的自卑充斥內心，我輕聲地抽泣起來。很久很久，當我確認同學們已經跑遠了，才從甘蔗林裏走出來，接著割草。

　　我從未放棄對學習的渴望。自己借來了初中的語文課本，邊做家務邊自學。

　　父母看到我對學習的癡迷，也幫我找了一個賦閑在家的遠房親戚來教我語文。他是黃原雨老師，年輕時留學日本，想當年他也許是繼魯迅先生之後的熱血青年，學成歸國一心要喚醒鄉親父老的守舊麻木，可惜壯志未酬，卻被打成右派分子。

　　那些日子，我和弟弟經常跑到老師家裏，把他的家當成我們的教室，認認真真地學習起來。在他的教導下，我讀懂了《喊》和《彷徨》。我的老師可能是因為教學欲望被壓制很久了，

他對我傾注了他所有的心思，他輕聲細語地讀，可發聲卻像錘子砸在水泥牆上那般的乾脆和蒼勁。老師是想讓他的講授像針芒一樣逼進了我全身，一個字也不讓我忘記。

後來家人又幫我物色到一位古文老師廖先生。同樣是在老師家的一個小屋子裏，同樣是我和弟弟，在那張小小的書桌前，我接觸到了《滕王閣序》那樣優秀的古典名篇，同時還接觸了一些簡單的英文，為我打下了中文和英文的底子。因為他右派的身份，在教我讀完《滕王閣序》後我們的教學不得不被迫中止。

這麼多年過去了，我還是感恩能遇見這樣兩位好老師，也常常能想起去老師家時穿過的那條清澈的小河，那是我清苦的童年時光裏閃亮的部分。

十八歲以前的時光，伴隨著我對知識的渴望，對上得起學的孩子的羨慕，對貧窮的自卑，它們都難以磨滅地留在了我的記憶裏。

現在，我又走進了學校。

久違的學生生活讓我興奮不已。但沒多久，我就發現自己與人群的格格不入。

我的衣服搭配很土氣，也很舊，很多是姐姐們穿過的；身材顯得偏胖（跟我現在的體重比起來，當初可謂是胖得離譜了）；髮型也顯得相當得古板。這些只是外表上的，最糟糕的要算我說話時的口音。

同學們在課後交流的時候，他們的廣東話裏夾雜著英語，

很多時候他們講的話我都聽不懂。有一次下課的時候，同學們大聲說一起去「dinnerr」，我聽了，連忙搜索枯腸卻不知道這是什麼意思，類似的事情還有很多。我的英語發音不准，往往引人發笑。這一切都讓我更加自卑和壓抑，我覺得我離人群越來越遠，仿佛只有躲在一個角落才能找到內心的寧靜。

但我並不甘心，當同學交流的時候，我總是豎起耳朵聽，並慢慢地按照他們的發音去矯正自己，晚上則加緊時間複習，一刻也不敢懈怠。

對於衣著形象，我也偷偷地觀察同學們的著裝習慣，試著自己去調整自己，也漸漸地與同學們接近起來。

也許是我的改變，我逐漸被同學們接受了，開始溶進他們的圈子裏。這對於我自信心的樹立很重要，也有助於我在工作上走出角落，拋掉自卑的情結。

在報救恩夜學校的同時，我還同時報了東南商學院的「會計簿記」課程。

在我去香港的第十天，我正式去該學院插班。這個課程一年結業，我插班的時候該課程已經開班三個月了，也就是說我必須要在九個月的時間掌握這個課程。

當時我是週一至週五7點到9點半去救恩夜學校；週六、周日6點到9點去東南商學院。

那時候晚上下班後，從公司趕到救恩夜中學需要半小時；到東南商學院需要一個半小時。一下班，我只能買個麵包當作晚

飯，每晚學習結束回到家裏再喝點湯。日復一日，也並不感覺辛苦。

　　由於時間特別緊的緣故，再加上初學，「會計簿記」這門課程學起來讓我倍感吃力，但在我們的「一腳踢校長」梁先生，也是我們的帶課老師的幫助下，我的會計課程進步得很快，也終於在九個月後拿到了結業證書。

　　在東南商學院的學習經歷使我具備了一定的會計基礎，為我後來考香港理工學院工業會計專業奠定了基礎。

第一張畢業證書

　　在即將完成「會計簿記」學習的時候，我意識到自己似乎只是抓住了這一學科的皮毛，對它瞭解得並不深入。在與梁校長的交流中，他也肯定了這一點，「會計簿記」是最基礎的記帳會計知識，如果要做企業的財務分析，還必須學習更高水準的會計專業知識。基於此，梁校長建議我去報考高等院校的會計科目。

　　梁校長親口說的話給我很大的激勵，我鼓足勇氣去試敲香港理工學院的門，報讀工業會計專業。

　　當然，考香港理工學院並非很容易的事，我唯一的女上司對我備考理工學院的想法嗤之以鼻，她說她已經考了二次，也沒考上，我就更沒希望了。

聽到上司的話，我有些猶疑，但梁校長的話又時時地在我心中響起：你能行的。我一定要試試，不能放棄。

做了這個決定後，晚上的時間顯得很不夠用了。一方面要消化夜班所學，一方面要拼命地記下備考材料，這樣我通常要熬夜到每晚11點多。有時候很困了，就吃一粒酸梅。再困，再吃。吃多了就落下了胃痛的毛病。

白天在恒昌公司上班，根本不可能抽出時間複習，所以晚上我通常只能睡五、六個小時。但這樣也並不覺得累。真是奇怪，當人被火熱的激情籠罩的時候，不睡覺也覺得無恙，考上香港理工學院仿佛成了我的使命。

臨考的日子來了，備考資料放在我的床頭像煮熟了的樣子，有些發黃，亂糟糟的，仿佛風一吹就會變成碎紙片散盡。但我的心裏還是沒有底，好像越去努力要記住的東西心裏就越覺得什麼也沒記住。這種感覺持續到了臨考前最後一分鐘。

到考試的時候我有些興奮，但又不安，同時又有些害怕，這是我參加的最重要的一次考試，而且也是很艱難的考試。但人既然已經在考場了，只有坦然面對了。

入學考試分三大部分：會計基礎（滿分40分），作文（滿分40分）；財經知識（滿分20分）。作文可選題，有兩個選項：A論信用卡的利弊；B你對香港理工學院的期望，我毫不猶豫地選定了B。這道題仿佛給了我一個傾訴空間，我到香港已經九個月了，這九個月提供給我非同以往的機會，我努力地抓住機會、不

斷學習、提升自己。這些經歷像流水一樣滴入筆尖娓娓道出：

我在文中寫道：香港對我來說是個陌生的城市，9個月前我從內地來到香港，那種不適應感讓我終日忐忑不安，感覺自己是從另一個世界來到這裏。通過夜校的學習我學到了知識，而且也在不斷地跟社會靠近……

後來聽說我的這篇作文得了可選題的最高分，也許這就是真情實感的魅力吧。

考完試我自己感覺還不錯，可是心裏還是像藏著一個鐵皮鼓，一天到晚「咚咚咚」響著等通知。

在盼望中，我終於等到了通知書。

我高興得不知所以，整天在家裏哼著小曲。我想著這份通知書的珍貴，如果在上司的危言中放棄，也許這一張寶貴的通知書永遠都到不了我的手心

我的上司幾次都沒有通過考試，而我一次就能行。上班的時候，在她面前我很得意，但我沒有忘形，她是我的上司，我如何能夠在她面前過分地高興呢？

考上理工學院使我的自卑感真正地得到改善，我的形象在公司裏也得到稍微的提升。

此後，我用考上理工學院的這種自信也同樣順利通過了駕駛執照的考試。

那是在我考上理工學院的同一年，看到我周圍的人，的兄弟姐妹們都會開車，有駕照，我自己很羨慕，也想開車，縱使沒

車也要學會開車吧。

然而那個年代對考牌的考核非常嚴格，家人考了幾次才通過。有過考理工學院的經驗，我不會輕易地從別人的困難中受到打擊，因為我沒有去經歷，怎麼會知道事情的難處呢？

大多數的人考證前一般學30個小時，而我自己對機械的性能不太熟悉，因此為了加大把握，跟師傅約定了60個小時。

俗話說「熟能生巧」，因為操作熟練了，在考試的時候，我的自信心也就從心裏竄起來，整個過程很輕鬆地完成了。

一次就合格！在同別人的對比中，我看到了自己的優勢。能自省，將勤補拙，謹慎小心。但要相信自己、毫不猶豫、一鼓作氣，這是對我做決策非常有利的心態。

什麼事都要嘗試才知道結果，這是我在這兩次考試中體會到的一句話。

進理工學院同樣是夜校班學習，我還是白天在大哥公司上班，這種情形與救恩夜學校其實沒什麼兩樣，但我的心境卻截然不同，因為這座一度對別人來說難以攀登的山被我跨越，我的自信開始寫在我的臉上。

兩年後，我拿到了香港理工學院財務專業的畢業證書，這是沒有小學和中學畢業證鋪墊的我取得的第一張畢業證。理工學院的學習經歷讓我獲得了新的工作，給我提供了一條登山的繩索，給我的未來提供了更多的可能。

兩位老先生的「小灶」

　　理工學院畢業後，我的一位同學顏國華建議我去報讀臺灣華僑書院在香港設立的分校，因為華僑書院可以承認香港理工的學分。所以，攻讀兩年便可以畢業。我接受了他的建議，與他一起順利地通過考試，進入了華僑書院並選修了財務、會計及心理學三個主科。

　　在這所學校，我遇到了兩位對我英語學習幫助很大的老師。

　　一個是鄺教授——我的授課老師。

　　華僑書院是每晚7點開始上課，從公司到書院大約有1個小時左右的路程，所以我幾乎每天都是6點左右到。鄺教授喜歡我的認真和好學，在上課前的一個小時他就主動提出為我補習英文。鄺教授為人和藹可親，像春風，也像冬日裏暖洋洋的陽光，跟他交流和學習是很開心的事。

還有一位老人也讓我難以忘懷。他是學校裏一個教授的父親——學識淵博的譚老先生。他曾經教外國人中文，退休後長期獨自住在學校裏。也是在我提前趕到的一個小時裏，他給我講述了許多我聞所未聞的有趣的事，他也教我一些英文的語法和常用語。我常常是笑著離開他那裏，跑進教室的。

　　並不是每個人都有這樣的機會，這位老先生就像聖誕老人一樣在我的襪筒裏投進了珍貴的禮物，令我受寵若驚。

　　事實上我在華僑書院學了四門課程，其中對我幫助最大的是我每天提前一小時去學習的英語課程。這簡直是在開小灶。

　　在華僑書院意外所得的一個小時英文課，居然比正正規規學習的三門課程更讓我印象深刻，這是很令我費解的事。可能是英語的修煉，對我融入香港社會，對我今後的創業的幫助很大，它是我同國外同行合作交流中不可或缺的工具。

克服演講障礙

幼時的我，是躲在角落裏的人。你完全可以把我理解成一個自閉的人。確實如此，我很害怕在眾人面前說話，即使是家人面前。這種自卑情結，困擾過我多年，直至我作為維新的總裁也是如此。

2000年，新大洲公司召開供應商配套會議，在會上廠家要求所有的供應商聯合起來形成供應鏈，優秀廠家的代表要對此臨時發表一些看法。當時維新集團也是優秀配套廠中的一員，自然而然的，我猝不及防被推向前臺。當時在座的有1000多人，對我而言這已經是未曾見過的大場面了。為了應付下去，在台下我拼命地打著腹稿，經過多次構想，自以為無虞了，便勇敢地走向了講臺。

然而，到臺上的時候才明白自己先前的腹稿白打了，似乎頭有千鈞重，而腿卻如空氣般的虛空。這麼一緊張，我先前想的東西全忘了，一個人在臺上結結巴巴地講了一大通，結果自己也不知講了些什麼，而台下的聽眾們也聽得茫然。

　　走下臺的時候，我滿頭大汗，頭腦是輕鬆了一些，但面對眾人的目光，我的心不由得沉重起來。

　　作為一個企業的總裁，回避不了在眾人面前講話的必然。不能逃避，只有迎頭趕上了。怎麼辦呢？只有去學。

　　我開始有意識地去搜集一些課程。《卡耐基演講——策略性溝通》就是在我有需求的時候走進求學若渴的視線裏。我當然不會錯過它。

　　那次尷尬的演講激起了我克服在眾人面前講話自卑的決心，而卡耐基課程則是一個很好的學習機會。

　　連上七堂課後，我明顯地覺得自己在公司會議中的演講能力提高了，這使得我開始喜歡和信任起「卡耐基」來。後來我又系統地學習了卡耐基《溝通與人際關係》課程、《經理人領導訓練》課程。

　　我不知道是卡耐基的課程給我底氣，還是能力給我底氣，演講的場景頓時多了起來，我開始變得自信。在不同的場合經常有人表示：「您的講話風格我很喜歡。」

　　一個屬於自己風格的形成總歸是令人驕傲的，但我並沒有沉迷於大家的誇讚聲中。我明白，我昨天也沒聽到什麼批評，說

明以前大家對我很寬容，今天，我真的是進步了。

　　後來，我成為江西省的政協委員，在精英濟濟的會場發表演講。在中國品質高層論壇上、在行業交流大會上……一次次的演講中令我高興的是，首先大家能清楚地聽明白我所講的國語，其次，大家會被我演講時的自信和演講內容所感染。

我的MBA畢業證書

2004年4月，我拿到了南澳國立大學的MBA畢業證書。

我決定去讀MBA課程。順利考過香港理工大學的經歷和職業自信告訴我，我能行的。

通過卡耐基的培訓老師陳彥良先生的推薦和自己認真的篩選，我把目標鎖定在澳洲的國立南澳大學。南澳大學的MBA課程是「亞洲頂尖的五個校外MBA課程之一」，我相信通過學習會讓我自身知識層次和管理水準更上一層樓。

我順利地通過了入學申請。

MBA課程的層面很廣，涵蓋了一般商業應用的管理工具。

這課程中收集和提取求學者的知識、技能和經驗，然後在高層面的交流得到昇華。這樣的學習機會，幫助我在未來的工作中表現得更加卓越。

與很多做企業的人在一起交流真是一件快樂的事。MBA課堂上總是有引人入勝的案例，在討論的過程中很多觀點的碰撞常常給我很大的啟發，觸類旁通，有些觀點也適用於維新的運營管理。

　　兩年的MBA學習不算很長，我還是在公司和學校間奔波。公司的工作佔據了我白天大半的時間，所以和以前一樣，我只能把學習交給夜晚和節假日。為考試而徹夜不眠的日子，是我生命的一部分了，但這樣的生活於我具有深遠的意義。

　　拿到畢業證書的時候，我評估自己：又進步了。

　　學習，對我來說已是一個終生的職業，它永遠沒有畢業證書。

我的技術恩師

自 1983 年註冊啟迪化工起，我的丈夫便對傢俱的表面處理用了極大的心思，憑著與傢俱廠師傅的良好溝通，逐漸明白了他們對塗料應用的訴求。那個年代最流行的塗料品種為硝基漆，我的丈夫自己試著在買回來的塗料上稍作加工，從而改善或克服塗料的某個缺點。他經常興奮地告訴我所獲得的經驗，我靜靜地聽著，卻參與不了，因為我不懂。我確信他是很了不起的，至少在實踐中不斷受到啟迪，不斷進步著，從家庭的物質條件改善就可見一斑。我覺得既然買回來的塗料是經過加工才再售出去的，那是否應該註冊自己的品牌呢？因為這產品已摻有啟迪的技術。

他很贊成我的提議，於是我開始思考品牌的名稱。相士曾說他五行缺水，所以與他相關的最好有水的成分。根據這個指引，我翻了很久的字典，但總找不出令我們心儀的片語，偶然翻

閱英漢詞典，Cactus跳入我的眼裏，中文解釋是仙人掌，生命力很強的植物⋯⋯

　　我試著在辭海裏尋找關於仙人掌的更多解釋，第一句便令我做出了決定性的選擇。「仙人掌儲甘露，以解世人之困喝」，就是它！我興奮地對丈夫說：「用啟迪的技術，解決傢俱表面處理的困難，而且，水已在其中。」他也很贊成，品牌就這樣確定下來了。

　　啟迪真的具備了解決傢俱塗裝應用的技術嗎？我不知道，也許，這只是我的美好幻想，然而現實卻是殘忍的。

　　1991年我們被通知取消代理權，原因是傳統的硝基漆塗料已被新型的聚氨酯塗料所代替。由於聚氨酯是高技術的產品，需要專業的銷售技術，啟迪化工不具備專業資格。

　　怎麼辦呢？我們沉默相對，另找資源吧。那時的我是半職家庭主婦，半職啟迪財務，對業務完全不懂，更談不上技術。對於尋找或選擇貨源當然幫不上忙，只是一個人白白焦慮。

　　一天，我的丈夫領著一個韓國人到家裏做客，我的同事梅作翻譯，席間他們在談論著塗料我沒聽懂，只禮貌地盡地主之誼張羅晚餐。也許是飯桌上的美食引起他的興趣，他在大吃一頓，並禮貌地稱讚食物的美味之後問：

　　「Can you speak English？」（你能說英文嗎？）

　　「A little bit.」（能說一點）

　　「Well, you can help your husband translation？」（那

你能為你的丈夫做翻譯嗎？）

他是韓國某大塗料廠的技術總監，有著一個中文的名字叫金夏玉。這次來香港是因為我們買了該廠壹貨櫃的聚氨酯塗料，他專程來做技術服務的。

第二天，我跟著他們工作，試著充當他們的翻譯，我儘量去理解他們對話的內容，用有限的英語能力為他們互相傳遞資訊。他是一個很隨和的人，對技術知識毫不保留，而且極願意與我們分享。第三天，我隨他們回深圳工廠給為數不多的幾位元化學師做培訓，那天我竟然因翻譯而當了助教。

「做塗料難嗎？」在回家的路上我問他。

「非常有趣的工作。」他笑著說，仿佛在談論一件玩具。

「你覺得我們啟迪能做塗料嗎？」

「誰都能。」

「但我們不懂。」

「不懂就學。」

「怎麼學呀？」

「就像做菜一樣，你的飯菜燒得很好。」

「那不一樣，做菜燒飯是女人的天職。塗料卻是你們的專業，我相信是不易獲得的專業，你說得倒簡單。教我們做塗料怎麼樣？我們工廠有化學師，有客戶，就是沒有技術。」

「沒問題，我當你們啟迪的顧問，教你們制漆，只要每次來香港，有你的美食提供。」

他哈哈大笑，笑得很開朗。我不知道當時我怎麼敢如此冒失地要求他。

之後，他每月來香港3天，住在我們家，與我們一起工作。

塗料的製作基礎，就是在同他的交往中，在盡力理解達至翻譯的來回中慢慢地滲入了我的靈魂，我在實驗室也能為他們當助手。我就是在這不經意中受到了啟蒙，踏上了研製塗料的跑道。

「葉工程師」

　　自從韓國的金先生當了我們的顧問後，啟迪開始研發及製造塗料。在他的指導下，我們試生產了一些產品。啟迪的發展終於贏來了一線曙光。當我們滿懷欣喜時，尷尬的現實卻讓我們在歡顏中皺起眉頭。幾個月來，我們的業務經理去推銷塗料的過程中幾乎次次受阻，反映到帳面上，我們的銷售收入還是沒有進展。

　　我們的問題到底出在哪裏？如果顧客不接受，那自然是產品問題了。我要到實驗室去看看，看技術人員到底是怎樣做塗料的。

　　雖然我不懂化學，也從來是以財務人員自居，但在韓國工程師的指導下，我對塗料已經有了初步的瞭解。對於一種塗料用什麼樣的溶劑和助劑心裏大概上是有個譜的。在實驗室裏，我觀

察了很久，終於看出了一些問題：我們的產品是聚氨酯類型，而聚氨酯成膜的機理是通過化學反應才可以成膜乾燥。噴漆的時候，技術員把噴出量調得很小，來回多次噴塗，本著慢工出細活的心態，這樣一來接觸空氣的時間多了，空氣中的水分增加了漆液中的OH當量，形成NCO的不足，而導致乾燥得太慢，帶出了漆膜的針孔狀態。為了消除針孔，技術人員企圖用環乙酮來消除氣孔，但由於環乙酮的溶解力太強，環狀結構，使噴上的漆豎起的部分嚴重流掛，顏色很容易變黃。

我想起金先生給我的指導，讓化學師把氣壓開大：首先，先調整溶劑，然後加大吐出量，完成噴塗。效果馬上就出來了。

接下來，我就帶著我們的銷售經理王華，去客戶那裏按照這種噴塗方法進行噴塗，並做好如果客戶不滿意，我們在現場及時進行調整的準備。

我參與了整個試噴及調整過程，最終達到了客戶期望的理想狀態。

堅持終於有了收穫。

從此以後，我們的銷售人員出去拜訪客戶的時候都會帶著我們的化學師。而我，更是每週兩次深入到客戶那裏。

那時候，我的足跡幾乎踏遍了廣東省幾乎所有的傢俱廠家。他們都知道啟迪化工有個「葉工程師」。

這是一種全新的銷售模式，我在銷售實踐中摸索出「量體裁衣」式服務的重要性。我那時開始明白：不要研究銷售策略，每

個人都有它的購買策略，只有「量體裁衣」，才可能達到我們和客戶之間的雙贏。

全新的銷售模式給啟迪化工帶來了生機和活力。1991年7月啟迪的銷售還是每月130萬，到年底已經上升到每月300萬，資料足可以說明一切。

我相信，當時我以滿足客戶要求為基礎的銷售模式在國內同行中鮮有。它貫穿我創業到經營的所有歷程。我從那時開始在客戶圈子多了一個稱呼──葉工程師。

早來的冬天

挫折，總是在看上去一切順利的假像中不期而至。它來得是那樣的無情，那樣的決絕，像在大冷天裏劈頭蓋臉潑下來的冰水，讓人措手不及，無法躲閃。

也許一個人必須要經歷一番挫折後才能讓自己的腰杆挺直起來，讓自己的心堅強起來，讓自己的靈魂穿越迷霧得以明晰，從而不再會被世間的困難擊退。就像破石而出的小草，更能經住風霜雨雪的考驗。

1992年的9月14日，也就是農曆的八月十七日，啟迪化工被一場突如其來的大火吞噬。那是一場特大的火災，當時廣東省的主要媒體幾乎都有報導。

那一年，我的丈夫因為在香港被其他事務纏身，不能來內地打理啟迪工廠事務，所以我基本上成為工廠的總負責人。當時

啟迪主要做傢俱塗料，在自己研發、生產及銷售的情況下，公司的業務逐步擴大。由於我對塗料有所瞭解，已經能輕而易舉地全盤負責公司的採購、銷售、研發等各項工作了，那段時間雖然辛苦，但也從其間體味到做企業的樂趣。

農曆八月十五是中秋節，我給工廠放了兩天假，自己則回到香港陪我的孩子。兩天的節日很快就過去了。第三天早晨，我還在香港的家裏，就接到了工廠的電話。

電話是當時的技術廠長阿鐘打來的。「什麼都沒有了，什麼都沒有了……」在話筒裏他的聲音帶著哭腔。聽到這樣的聲音，我預感到肯定發生了不幸的事情。

阿鐘告訴我，清晨工廠起火了，所有的東西都燒光了，還有不少工人在驚慌中跳樓摔傷。有13人已經被送進了醫院。

雖然噩耗突如其來，我有片刻的慌亂，但很快就冷靜下來。在這樣的事件中，最要緊的是工人的安全，我問阿鐘：「人點齊沒有？一共傷了幾個？」他說點齊了，13個受傷的人中，除了有一個人傷很重外，其餘的人都是輕傷。

聽完電話，我開始考慮在災難面前的應對之策。員工會不會有生命危險？如何向當地政府交代？如何面對供應商和客戶……問題接踵而來，這是毫無疑問的。而員工的救治問題是最為關鍵的，我不能讓員工用自己的生命為我們管理不善而引起的災禍埋單。

一群慌亂的工人在濃煙滾滾的三樓宿舍拼命地往下跳，這

樣的影像反復出現在我的腦海中，令我揪心，似乎自己也變成火海逃生的人，在跳躍中體驗他們難言的無奈。這種反復出現的影像在我心中演變成一串指令：快點去工廠，去設法救治受傷的工人。

我的車一進村子，就聞到一股刺鼻的氣味。這種味道似乎是一個提醒，想提前告訴我這裏曾經發生過的一切。

工廠的前面擠滿了村民，下車後嘈雜的聲音如潮水一般撲面湧來，震得我耳朵嗡嗡直響。

阿鐘看到了我，便直奔我而來，他的臉色看起來有些漲紅，或許是與村民爭辯的結果吧。看來村民聚於此並不是為了同情，而是譴責。

經過一場大火，原來亮潔的工廠已經坍塌，殘垣斷壁，一片廢墟。

我們工廠的隔牆是一家塑膠廠，我看到也在冒煙。阿鐘告訴我說：「幸虧搶救得及時，否則引起高壓線著火，會殃及到全村的。現在，全村人對我們都有意見了，他們說，原來他們不知道我們的工廠這麼危險，還爆炸、著火，以後要離我們遠點。」

圍過來的工人紛紛給我描述火災發生的情景：

早上7點，要上班的時候，有一個早起的員工正準備走進車間打掃衛生，一推開門，就發現車間裏電線竄燒起來的火苗。這位員工馬上拿起車間的滅火器朝火苗噴去，但這時火已經竄到房樑，用滅火器已經無濟於事了。化工產品易燃易爆，爆炸迅速地

開始了。眼看滅火無望，這名員工只好急匆匆地沖出車間，站在外面呼喊住在三樓的員工逃生。這時，車間內已經變成了火海，並伴有「劈吧」爆裂聲，很顯然，車間裏的化學材料已經開始燃燒了。易燃的化學品使大火成為覆水之勢，再難控制。刺鼻的濃煙剎時從一樓升起彌漫了整個大樓。三樓裏酣睡的員工被叫醒，他們睜開眼的瞬間看到的就是濃煙，這種情形讓他們失去了從容逃脫的理智，於是驚慌失措地從三樓上往下跳。樓下並非軟土，十三個人因此受傷。

沒有受傷的員工被安排到鎮上的一間招待所棲身。

離開工廠我直奔醫院。在病房裏，十幾個人並排躺在床上，他們中有的傷重一些，有的輕一些。其中車間的生產主管王英摔傷了腰椎神經，腰部以下基本上沒有知覺了。他躺在床上，神情相當沮喪。跟其他員工打過招呼後，我徑直地走向他。他滿懷自責，流著淚說：「葉小姐，對不起，我連累大家了！」我想像得到他的壓力，作為生產主管，他對工廠的損失負疚；同時，他也擔心他今生是否還會再站起來。我用手擦去他的淚，也控制不住自己的淚：「你放心，好好養傷，你會沒事，工廠也會沒事的，一切都會好的。」我第一次感覺我這樣的靠近我的員工，我是在與他們同呼吸，共命運。

火災的發生其實是整個公司的安全防範意識匱乏導致，不可能是一人之故，我不知道我的安慰會不會讓他樂觀一點，但對我來說，心裏越發的堅定了，不管花多大的代價，一定要治好這

些工人。

醫院讓交20萬的押金，我把押金如數交到醫院，並請求院長一定要治好他們，一定要讓他們能站起來，可以走路。我願意盡一切所能，付出所有。

公司裏的大部分工人都來自於廣西武鳴農場。因為火災，恢復生產還不知何時，所以我留了部分工人在醫院照顧病人，而其餘的則發放了補貼，由阿鐘帶隊轉移回廣西農場，隨時待通知回來。

這一天，連我都想不到在處理這件大事的時候，自己可以如此冷靜。但是晚上回到家裏，支撐著我的東西仿佛坍塌了，我一下子軟倒在沙發上。想著工廠被燒的慘狀，想著工人受傷躺在醫院的樣子，我心裏火燒般地灼痛。奮鬥了那麼多年的啟迪，就因為一場大火，所有的努力化為烏有。這些年不停地努力扎扎實實地換得了點點的成就，難道就像是一場幻象，無影的去了？因我們管理上的失誤而讓員工和隔壁工廠蒙受損失，這些更令我心裏不安。

明天怎麼過？與客戶怎樣解釋？怎麼辦？怎麼辦？我不停地問自己……

我雖然不是一個虔誠的基督教徒，但自從20歲時與一個同學去基督教堂做禮拜後，便長期養成了一個習慣：每天晚上都要感恩、檢討和期盼。但那個晚上，我心裏被一團熊熊的火灼傷，今天所發生的一切難道就是我以往感恩的結果嗎？那麼今晚

我該如何感恩呢？心裏輾轉反復，不能從痛苦中釋懷。

突然我想到了忠誠的工人們，想著他們在火災裏的心態。如果沒有員工事先發現，可能火勢會無限蔓延，整個村莊也許都不能幸免；如果他沒有叫醒其他員工，也許就有員工在火場中失去性命；如果員工撒手不管，不去推開工廠裏的汽車，不盡力的互相幫助，那我們什麼都沒有了。損失的一切，通過努力還可以恢復，最難得的是沒有生命的損失，沒有造成我永不能彌補的遺憾。想到這兒，我突然平靜了。如果災難註定要發生，最值得感恩是那些忠於工廠的工人。這樣一想，我心態漸漸平和了，再一次下定決心要治好員工，否則，自己將永遠背上難償的心債。

晚上，我的父母和兄弟姐妹已經齊聚過來，跟我打聽情況，給我意見。大家一致認為我不要再回內地，發生的一切太可怕了。大火將引起一連串官司、醫院裏受傷的員工可能產生大筆醫療費、欠原料商的貨款、政府的罰款，以及特大火災可能要追究的刑事責任……這一切都將令我喘不過氣來。

家人的擔心不是全無道理，如果不再去內地，與政府的一切麻煩將不存在，工人確實找不到我了，原料商也無從追款，我們可以留下一部分的資金重新啟動。

但是，我已經想通了。

我已經感恩過了。

我一定要和我的工人們在一起，我要想盡辦法令他們恢復健康，我要和他們一起重建我們的工廠。

第二天來到工廠，預想中的壓力果然接踵而來。

供應商的催款電話一個接一個地打來。

關於火災原因的調查讓人解釋得焦頭爛額。

火災殃及的隔壁的塑膠廠也對我們提出了起訴。

消防隊追討救火費用、村委會追究損失……

大多數供應商對我們失去了信心。但也有令我溫暖的消息，我們最大的供應商，代理臺灣樹脂的陸開明先生也打來電話，他表示除同情和關心外，還表示信任和支持我，應付帳款可延後結算，讓我們先照顧其他人。如果有需要的話，他們可以繼續發貨給我們。

我的父母兄弟見我如此堅持，表示理解我的決定，並會給我全力支持。

記得當時有一個作保險的好朋友——梅仁立，他看我焦頭爛額的樣子，問我：你的口袋裏還有多少錢？我想了想，笑著回答他：「不要問我口袋裏有多少錢，我心中富有。」說完，我們一起大笑起來。

沒錯，IBM曾經有一個總裁說：你們可以奪取我的財富，焚燒我的工廠，但只要把我的人留下，我就可以重建一個新的IBM。

在大火中，雖然我們確實什麼都沒有了，我們損失了工廠，但金子一樣的東西仍然留在啟迪：我們有忠誠的員工！

重建，這的確對我是一個考驗。我呆望著劫後的廢墟，

奢望著找到還可能利用的東西。車間裏，我們找不出一個螺絲釘，機器都變成了廢鐵。實驗室裏所有的儀器都化為烏有。當年買回的三台滾筒的研磨機，我們所有的人都小心翼翼，生怕出差錯，一點一點地把它安裝上，現在只能把它當廢鐵鏟走。

什麼都沒有了。

先是重新找場地。

我敲開了西鄉三圍村村長的門，要求他再給我一塊地，我要重建一個新的啟迪。村長似乎對我的話並不以為然：「還要一塊地，現在大家都怕你們了，你們差點燒掉了整個村子啊！」他以懷疑的目光看著我：「你還有能力重新開始嗎？」

我堅決地點頭，能！

村長顯然被我說動了，但還是顯得很謹慎。他足足考慮了三天，才給我打來電話，在電話裏他告訴我，重建可以，但工廠必須遠離村子，可以試用村裏棄用的鐵皮房。

那是一個非常簡陋的小屋，大約有一百平方米，只有約兩米高。建時用途無可考究，但後來荒廢後成了流浪者用來處理廢物廢料的場所，污穢不堪。

儘管是如此惡劣的條件，它卻成了我們劫後餘生再次爬起的平台。我向武鳴農場借來兩台攪拌機，通知回家休息的工人上班。把我大哥公司上市時送給我的60萬股票托我弟弟變賣掉，再向他借了80萬元，加上渣打銀行的貸款，開始運作。

就這樣，在那場災難發生十四天后，啟迪化工在一個鐵皮

棚裏重生了！生產恢復了，供貨恢復了，銷售恢復了。

直到那年結束，重生後的啟迪仍然像一隻稚嫩的雛鳥，步履蹣跚。

第二年，我們才徹底迎來轉機，經過一年的恢復和重建，啟迪的純利達到了1000萬元，超過了火災前的水準。

也是第二年底，還有一件事讓我徹底地擺脫了心裏背負的歉疚。摔傷最重的王英終於康復了，他的康復意味著我們所有受傷的員工都平安無事了。

王英康復後回到工廠上班的第一天，知道我要從香港過來，走路從工廠到村口接我。他見到我時，流著淚說：「我全好了。」

是的，全好了。我握著他的手，雙眼潮濕。這樣，我們都了卻了我們的心債，我們走出了火災的陰影。

有一個朋友曾經開玩笑地跟我說，如果可以申請建力仕大全的火災重建記錄，啟迪化工應該可以破這個記錄——它只用了十四天恢復生產，用不到一年的時間完成了超越。

那是一個早來的、極寒冷的冬天，啟迪在那一年裏面臨著殘酷的生死抉擇。而我，剛好在那段時間裏全面主持公司的工作。

面臨危機和困難，堅持和放棄僅是一步之遙。

幸運的是，我的員工給了我力量，仿佛在嚴冬給我披上禦寒的外衣，我終於挺過來了。

從此在我的眼中，再沒有什麼困難不能克服。我常常對我的同事說，只要你有勇氣面對，沒有什麼過不去的橋，如果你在困難面前習慣性地選擇放棄，那對於你，什麼事情都是難事。

那個冬天過後，啟迪必須為他的複生付出更多的辛勞。那時候，我們主要的產品是木器漆。

最關鍵的是銷售這一環。我們必須在原來客戶的基礎上找到更多的客戶。

那時，我以技術部代表的身份，經常與銷售人員一起拜訪客戶，與許多傢俱廠家都建立了良好的合作關係。在與他們的交流中，不斷改善產品技術。

一次，有一個叫劉仲榮的傢俱商以5000元人民幣從新加坡進口了一張床。我當時剛好到他的公司走訪，他很得意地對我說：告訴你，現在內地的漆不太受歡迎了，如果你們生產出這種漆，我一定訂貨。老闆指了指面前的那張床，看看，這是貝母漆，內地目前還不能生產。

我和技術人員仔細地研究了那張床的塗料，是我們從未見過的塗料效果，不像顏料調出來的，像雲層一樣，很有立體感。

老闆看我們流露出的讚賞之態，他的得意之情溢於言表。

突然，我心裏生出了一個念頭：我們研發這種塗料，何不拿這個床的漆做樣板？我乾脆向老闆表達了我的想法：「拆一塊板，我們回去研究一下可以嗎？」

老闆說不行，這套傢俱很貴重，拆開了，我還怎麼賣啊！

我明白自己的要求是有些過分，但我更有把握說服他。

我和技術人員輪番對老闆進行說服。

「你想不想做傢俱行業的領頭羊啊？我有把握開發出這種貝母漆，一旦開發出來，你可以優先使用。」

我說。劉老闆竟被我們說動。他拆下床頭櫃外露的一塊蓋板，小心翼翼地包起來。

最後，我們承諾研發完畢一定盡快完璧歸趙，他才放心。

這一趟雖然沒有拿到什麼訂單，但我卻意外找到了市場前沿的資訊，總算不虛此行。

回到公司我召集技術人員收集關於貝母漆的相關資料。那時候，資訊不像今天這樣發達，貝母漆的資料幾乎無跡可尋，我們只能靠自己分析或電話諮詢同行，進度很慢。

在做這個研發決定的時候我對自己雖然很有信心，但我們從沒有開發新品種的經歷，實驗過程如何控制，要試驗多少次這些都是未知數。

「開發須以市場需要為基點」，現在我瞭解到市場需要貝母漆，我就應該有滿足市場要求的能力。這是我當時研究貝母漆時的心理動力。

貝母漆是義大利「蘇之達」品牌的一個獨有品種，價格昂貴。當時國內市場還無人問津。而我和技術人員日復一日地更換各種原料，研發貝母漆，研究那塊拿回來的蓋板。那塊蓋板擺在實驗室最顯眼的地方，仿佛一個神像。

在反復研究中，我們認為貝母漆有一種主要的成分是珠光粉，於是，我們買來很多種珠光粉來試，可是都沒達到預期的效果，這讓我們一籌莫展。

一個一個難眠的夜晚過去了，還是沒有進展。

一天，美國美爾珠光顏料公司的一個業務員來公司推銷原料，我順便提起珠光粉的事，他提醒我還有一種珠光漿，是用天然雲母片做出來的，主要用途是把人造珍珠做表面處理模仿天然珍珠。

我想，對呀，為什麼我不能跳出固有思維呢？我馬上和技術人員商量，以「珠光漿」原料為基礎，再加其他顏料調配，這樣，反複試驗之下，效果出來了。塗料的效果立體得像堆疊的雲層，與樣板無異。

我們運用了各種添加劑，使漆膜出現不同的紋絡加上其他的顏料，使其色彩繽紛，千變萬化，做出來的塗料效果，就像珍珠在殼中被打開的光彩一樣。這正是我們所要的貝母漆的效果。我和技術員們雀躍起來——我們終於研發出了貝母漆，而且在原有的基礎上創新。

我們又來到那個傢俱廠把那塊床板交給劉老闆，並對他說：你的這張床再也不是寶貝了，我們啟迪的「新貝母漆」可以噴出很多像你這樣的床。

我拿出我們試驗的樣品。他顯然被我們的舉動驚呆了，更讓他吃驚的是，我們手上居然拿著一張跟他的床板塗料完全相同

的另一塊樣板，他疑惑地望著我們：你們真的研發出貝母漆來了？

事實證明，我們研發的貝母漆引導了當時的消費潮流，做了市場的領導。這為啟迪化工火災後的資金積累、迅速在市場上獲利創造了條件。啟迪則通過這一產品真正獲得了重生，1993年啟迪的純利潤達到1000萬，同火災前的利潤情況相比，實現了飛躍。

鳳凰涅槃後的重生並不是生命的原始複製，我們通過創新為啟迪贏得了新的生機，而這次，啟迪的筋骨更強健了。

創立維新

　　在一份資料上曾經看到：愛因斯坦的實驗室著過一場火，火勢兇猛，出動了很多消防車才控制住。愛因斯坦召集了身邊所有的親戚朋友去觀看那場火。朋友們問他為什麼要這樣做？難道不心疼嗎？他說：我要讓大家都知道：我以前所有的錯誤都燒沒了，所有的錯誤都結束了。未來的一切都將是新的，嶄新的。

　　1992年的那場大火，讓我痛定思痛，思考了很多問題。首先是管理上的漏洞，火災背後隱藏的是我們管理上的失誤。說明我和員工風險防範意識匱乏。所以，從那時起，安全，成為我和全員不斷重複的課程。同時，我也開始思考：災難來時，一場火就可以燒掉所有的努力，家庭的生計都受到威脅。這樣看來，風險太大了。怎樣可以把風險分散呢？對，我應該與丈夫各自做一個工廠。

啟迪化工，我在這裏傾注了很大的心血，有了事業的起步：我熟悉塗料了，有了自己對行銷和研發的理解，更多的是我在那裏找到了自信。

1994年，劫後重生的啟迪以前所未有的速度開始穩健發展了，我這時作出了開設另一家企業的決定。

我對創建第二個工廠充滿了憧憬，首先在業務上，啟迪是做木器塗料的，新公司該做什麼呢？肯定不會是我所熟識的木器塗料。那我的最佳選擇只能是拓荒，開拓一個過去我沒有涉獵的空間。

「什麼漆我們沒有做過？什麼塗料最難做？」我問阿鐘。

阿鐘不經意地對我說：「汽車塗料！她是塗料皇冠上的明珠。」他打趣地補充一句：「莫非你想摘下這顆明珠？目前國內還沒有能摘下這顆明珠的商人，高檔的汽車漆都只能從國外進口。」

並不是說國內沒人能做好汽車塗料，而是他們不敢進入這一領域。這是事實，雖然中國汽車業在當時的發展已經是一日千里了，但對於做汽車，中國還是處於弱勢，人們認同了這一點，也就是說基本上認同了中國人做不好所有關於汽車的東西，包括塗料。

「那就讓我來拓荒吧。」今天想來，不知當時說這句話是勇氣可嘉還是過分狂妄，但我真的把它作為宣言，而且從此義無反顧地朝目標努力。

這一句話可謂一擲千金，此後我未來的每一天都時刻為實踐這句話而思索。

那一年，啟迪化工在我的丈夫帶領下再次騰飛，啟迪已走出了鐵皮棚，有了更寬敞的廠房和辦公空間。而我卻在忙著為新的事業選址。

我們在深圳西鄉鎮，租了一個工廠的半層樓，成立了發展部，重新招聘了技術人員，組建了新的團隊，開始收集大量的汽車塗料方面的知識，收集大量的汽車塗料配方做著試驗。

那時候，還少有人知道什麼是汽車漆，市場上也沒有賣的，拿什麼做樣品呢？我到處尋找，後來在香港的一家汽車漆店，買了一罐汽車修補漆，如獲至寶地拿到公司。

通過朋友的介紹，我認識了當時中國汽車工業研究所的副所長——王錫春，我專門去拜訪他，向他請教了有關汽車漆很專業的問題。他對我不吝賜教，告訴我說：汽車漆對技術有很高的要求，開發的難度很大，要跨越很不容易，中國目前還沒有人能做到。不過，他也鼓勵我大膽嘗試，有什麼問題可以隨時向他請教。

汽車漆的產品在國內市場還很少有人問津。我可以嗎？我們這個新組建的團隊可以嗎？我也不停地在心裏問自己這個問題。我敢挑戰國外的名牌嗎？我的優勢是什麼？反復思考之中，我越發堅定了自己的決心：名牌，在沒有成為名牌之前，也是普通品牌啊！我也是普通人，我為什麼不可以去嘗試呢？

貝母漆，不也是我們自行研發成功的嗎？「兵無常形，水無常態」，這是《孫子兵法》告訴我們的，今天的名牌不一定是永遠的名牌，今天的普通人也不一定永遠是普通人。我們最重要的是要有駕馭變化的能力。要適應變化，敢於創新。

就這樣，我和技術人員一起沉浸在實驗室裏，每當自己取得一點點的突破，就在小小的實驗室裏互相炫耀著，一起激動著，這是一個像家一樣的團隊。

1994年的時候，雖然我們還沒有任何的產品和市場，但我還是決定要給研發人員們一個寬敞舒適的工作空間，也許，那裏會給我們帶來一個驚喜。我們開始選擇新的廠址，繼續我們汽車漆的研究。

1995年1月3日，那是一個值得紀念的日子，維新（深圳）制漆深圳有限公司正式成立。

在公司成立前我們的研發已經有了一定的突破和進展，只待投產論證了。儘管這樣，公司的成立還是讓我誠惶誠恐，我作為負責人，擔子的承重有如千鈞，我要解決研發人員和生產人員的飯碗問題，也要有維持工廠基本運轉的資金，這需要很大的精力。

既是一種創新又是在涉險，這是維新成立之日我最貼切的想法，但不管怎樣，我的選擇，我堅持。

破冰之旅

　　我們選擇的第一家廠商是天津汽車公司。

　　那是1994年的10月，北方的秋天。天高雲淡，秋高氣爽。天津街道兩旁的樹仍然鬱鬱蔥蔥，生機盎然，沒有秋天蕭瑟的景象。

　　我們要用真誠的態度去贏得客戶，給維新的事業也贏來一個豐碩的秋天，這是我的夢，也是伴我同行的所有同事的夢。

　　進入到汽車集團的採購本部，接待我們的是一位元姓李的總工程師。我們受到了這樣一番盤問。

　　「你們的工廠在哪裏？」

　　「在深圳。」

　　「哦，原來是國產的嘛。」

　　「在中國的市場份額有多大？」

「沒有份額。」我回答。

「是國外的哪個名牌與你們合作？」

「沒有。」我回答。

最後他問到技術問題，我說：「是結合國外技術的自我開發。」

「哦，那你們的產品是個雜牌啦？！」

我們的坦誠回答只帶來了冷冰冰的回絕。

這就好像一個剛畢業的學生尋找一份自己覺得完全可以勝任的工作，可因為沒有工作經驗，別人又不肯給機會試一試。

等待，讓人心灰。

怎麼辦呢？我有些沮喪但並未消沉，有些焦急但並未氣餒。我仍在繼續尋找其他廠家，尋找機會來證明我們研發出來的產品。尋找的過程中我一再告誡自己，這個時候要挺住，如果放棄重新再來只會更沒出路。

挺住，是人在任何時刻贏得勝利的前提。

在遭受到一次一次的回絕之後，我們走進了廈門金龍旅行車有限公司。

這次，我們見到的是他們的老總。同樣的問題，對方同樣因為我們是國產雜牌而猶豫不決。他告訴我們他們用的是德國巴斯夫的塗料，你們能比他們的東西更好嗎？

這次我的承受能力明顯提高了，雖然我聽到「巴斯夫」這個詞感覺陌生，但我們還是充分闡述了我們對自己品牌的信心和服

務優勢。

　　還好，廈門金龍並沒有武斷地拒絕我們這樣的雜牌軍，對於我們的產品和信心表示出一點興趣，但同時申明：能否採用我們的產品，要等試車後再定。

　　我和公司同去的人舒了一口氣。這至少說明金龍是認可我們結合國外技術自主研發的產品，也認可我們因地制宜的貼身服務。

　　於是，我們有了第一個對手，是世界有名的塗料——巴斯夫。

　　回去後我和技術人員找到巴斯夫塗料的所有資料，仔細研究了巴斯夫「鸚鵡牌」的說明書，瞭解技術參數。

　　必須要瞭解對手，才能準備好與對方競爭的策略。

　　與此同時，我向中國汽車工業研究所的王錫春老師做了諮詢，也與德國的拜耳公司取得聯絡，邀請他們合作開發這一產品，拜耳公司對我們的提議非常重視，派技術工程師專門負責這一專案，經過方方面面的緊密合作，很快的，產品研發出來了。

　　我們帶著自己的研究成果，技術人員在現場不斷地調整，跟蹤服務，試驗的結果果然令人滿意。

　　我們戰勝了巴斯夫，贏得了我們的第一個客戶。

　　由於德國拜耳公司的技術支援，廈門金龍相信我們能夠裁剪出一套適合他們的「衣裳」。

　　對廈門金龍產品研發的成功讓我明白：在事業的初創階段，在經驗不足的情況下，單憑自己的力量是微薄的，短期內要

研發出來急需的產品，必須要借助外力，才能在第一時間滿足客戶的要求，為客戶提供「量體裁衣」式的服務。

我們邁出了第一步，這是維新至關重要的一步，它給了我信心和底氣，令我腳下充滿了闊步前進的力量。

廈門金龍的成功大大鼓舞了士氣。沒過多久，我和技術人員一起去拜訪位於江西省景德鎮的昌河汽車有限公司。

去昌河之前，我們以為他們的技術和廈門金龍的一樣，後來發現原來他們用的是高溫烤漆。瞭解了他們的相關情況之後，我們開始研究高溫烤漆的配方。

這次，我們找到臺灣一家叫長川的樹脂供應商一起來研發。他們的工程師蔡先生對高溫烤漆技術非常熟悉。在他的指導下，我們很快開發出了配方。我和幾個技術人員一起興高采烈地趕到昌河，與昌河的負責人商量，讓我們試噴一台車，我們信心滿滿地開始進行樣車的噴制。

很快樣車噴出來了，接著進行烤幹，可是意想不到的事情發生了：噴完漆還好好的汽車，在烤完之後卻是滿身的「皺紋」，就像粗紋牆紙一樣。

我們所有的人都傻了眼。

昌河的車間負責人對此很憤怒。那時候已經是晚上9點多了，他們怎麼也不讓我們的技術人員離開，要我們把車恢復原樣。他們大聲叫著：「好端端的一部車，讓你們弄得一身都是皺紋，趕快把它磨平。」

我們能夠理解昌河汽車負責人的心情。可我們的技術到底什麼地方出了問題呢？試驗的時候好好的，怎麼會這樣呢？我們要求再噴一台，他們怎麼也不答應了。沒辦法，我們一邊在當地找打磨工把我們試噴的那台車磨平，一邊很不甘心想再試一下。他們被我們的堅持說動了，讓我們在一堆廢鐵裏找到一個廢棄的車門，我們把它擦得乾乾淨淨，像試那台車一樣認真，又重新把我們的工藝演習了一遍。這次的結果很好，沒有了「皺紋」。

　　我們越發的糊塗了：怎麼回事呢？

　　在昌河我們找不到答案。那天晚上，我們從景德鎮連夜開車回來。

　　路上，兩個同行的化學師都睡著了，我和阿鐘還在思考著。阿鐘突然問我：你有沒有注意，我們後來試驗的那個車門，過分洗刷就沒有產生皺紋，這說明車體的表面有什麼物質與我們的配方有某種衝突，我們的問題應該出在這裏。我無言，因為我想不出問題的所在。

　　30個小時連夜趕路，回到公司我們又馬上鑽到實驗室裏。

　　我打電話問臺灣的蔡工程師。他同意阿鐘的推測，在我們的配方裏是有一種酸催化劑，和汽車表面的電泳上的一些游離氨可能會發生反應。

　　找到原因之後，我們開始重新組合配方，去掉了酸催化劑改用反應活躍的氨基樹脂，經過兩個通宵的鏖戰，我們研製出了新的配方。

一周以後，我們和昌河汽車廠聯絡，希望能夠重新試車，並保證這次一定會讓他們滿意。昌河同意了，我們再派工程師去試車，成功了。

　　維新的飛速成長和進步，讓競爭對手感覺到威脅。那一年，在我們的研發部只有9個人，卻被對手挖走了6人。但這也沒有影響維新在創新中前進的腳步。

　　當所有的國內汽車廠商都對中國本土汽車漆投以質疑的態度，這種態度就成為民族汽車漆品牌的一堵難以逾越的城牆，是應勢退出還是堅強挺進？這又是本土汽車漆廠家面臨的選擇。

　　我選擇挺進。

　　我用我的品質和服務衝破了這個觀念的封鎖。正像一個拓荒者，在漫無人煙的深谷中開墾出屬於自己的一畝地。

維新後面的「高人」

當維新獲得自己第一個客戶時，業界開始關注我們了。

汽車塗料是一個技術高端的塗料行業，進入壁壘非同一般，維新的新生讓業界篤定我們背後一定有高人支持。他們開始調查維新是不是有合資的背景，但結果卻讓他們驚奇：維新是由零開始的港商獨資企業，香港沒有汽車工業，也沒有生產汽車漆的工廠。

這樣的結果給業界的震撼是可想而知的，同行十分的不解，一個沒有技術背景的企業，如何有實力同德國巴斯夫公司比肩，得到廈門金龍的認可呢？

這樣的想像很容易導致對手們把目光瞄準維新的技術人員。業內一家公司就對我們的技術人員拋來了橄欖枝。

當6個技術人員同時向我提交辭職報告時，我的腦袋仿佛遭

遇到轟然一擊，頓時覺得手足無措。雖然我在即將要離去的員工面前表現出極大的平靜，但心裏很難受。我禮節性地問了他們離去的原因，結果大同小異，是因為其他公司提出了更好的條件。

那天，深受打擊的我確實有些沮喪。但我並不是一個隨便認輸的人。相反地，我開始思索，為什麼我們的防線那麼容易被對手擊破？

有幾個國外的同行一直充當著維新的老師，我今天一直很感激：荷蘭阿克蘇諾貝爾公司、德國的拜耳公司、德國畢克化學公司，還有奧地利的維諾華公司。

荷蘭的阿克蘇公司是世界上著名的塗料原料供應商，也是全球500強公司之一。當時，維新的樹脂原料主要是由阿克蘇提供。隨著公司業績的不斷提高，我們的樹脂原料購買量不斷上升，這引起了阿克蘇公司對維新，也是對中國市場足夠的重視。

說起阿克蘇，我不禁想起一個讓我終生驕傲的事情：

1996年秋天，我第一次和同事受阿克蘇公司邀請前去接受技術訓練。車在公路上飛馳著，我看見很遠的一座建築物外有一面很醒目的五星紅旗，我不禁好奇地問：「為什麼荷蘭的企業也會懸掛五星紅旗呢？」陪同我們的Albert回答：「那工廠就是阿克蘇，今天她是為你們來自中國的尊貴客人升中國旗。」

在國內，我見過無數次的升旗儀式，但都已經習以為常。然而在阿克蘇公司，我的感覺卻全然不一樣。只覺得頓時成為國家的代表，自己的職責也因此變得莊嚴和神聖。

我臉上散發著自信的光輝，心裏充落了因被尊重而湧起的感動，因熱愛而升騰起來的驕傲。的確，我和同事們的內心當時都不約而同地經歷了由驚喜到激動，由激動到莊嚴，由莊嚴到驕傲的歷程。在與阿克蘇高層交流的過程中，我對他們的隆重接待表達了感激。他們卻說我們對阿克蘇公司的支持值得我們贏得這樣的禮遇。

很顯然，阿克蘇公司開始重視維新在國內市場的表現。他們的重視給我們提供了一個契機，即與阿克蘇的管理層接觸，說服他們與維新合作。

事實上，對於拜耳以及維諾華公司，我們也同樣是以中國市場前景為理由來說服他們與維新合作的。這是對雙方都有利的事情，一方面他們可以借此瞭解中國市場，另一方面我們可以從他們那裏學習技術。在這種互利的條件下，我們與這些大公司達成了協定。

我們的添加劑供應商畢克公司甚至還提供給我們配方組合，同時也派技術工程師到深圳來給我們培訓。

而我和阿鐘，也成為這些國際著名公司的實驗室裏的常客，並因此而獲得無數技術恩師。

在我們與維諾華公司的合作中，我認識了 Dr.Wager，他是維諾華塗料和樹脂的研究專家。在與我的接觸中，Dr.Wager 很欣賞我的好學與探索精神，常常主動地給我講授關於塗料的相關知識，很自然地，他成為我又一個學習塗料的恩師。

當一汽表示要與維新合作研究水性塗料的時候，我的恩師Dr.wager就以維諾華公司代表的身份自奧地利趕過來，參與了我們的研究專案。這讓我無比感激，我的恩師是這樣的真誠，他不僅把他的所學毫無保留地授予我，而且還關注我事業的成長。

　　就這樣，在一群不同國籍的制漆專家的支持下，結合汽車業界朋友的幫助，我們充分瞭解了中國塗裝的特點，研發出了適合中國不同地區、不同設備、不同工藝的生產線使用的高檔汽車面漆。

　　雖然維新在一瞬間失去了6個技術人員，但並沒有像對手預測的那樣，很快地倒下去，而是自若地前行。

　　這使得業界對維新充滿猜測，認為我們背後一定有高人存在。每每有同行和記者這樣提起的時候，我總是笑著回答說：「天地華彩，演繹維新。」

身為總裁

古語曰：「坤厚載物，德合無疆。」效仿大地，順應天道變化的規律，以最崇高的無疆之德承載萬物，是我一生學習的永續課題。

章前曾自述到我才疏學淺，入世未深，何來無疆之德承載萬物？我只是一個拓荒者，在漫無人煙的荒園中開墾創業心湖。聯合志同道合者共同努力，由心湖擴至心海。德要謙下，胸襟要廣，薈萃人類心靈智慧，創造對社會有價值的產品，從而獲得企業的長進。也許需要穿越世紀風雲，而終至海納百川。

有為在先 無為而治

　　有位朋友建議我買個風水球放在辦公室裏，我覺得這提議不錯，可以增加辦公室的靈動氛圍，就上街買回了一個。

　　風水球買回來之後，每天都轉個不停，進來我辦公室的人都要駐足觀看一下。有時候我也駐足，看著它的轉動。難道單憑水的力量就可以讓他不知疲倦地運行下去？

　　後來，有一天，它突然不轉了。我叫同事來幫我看看，他端詳著風水球研究了一番，告訴我大略上是水停止了運動，一定是水泵出問題了。於是他把風水球搬到外面，經過修理，問題就解決了。

　　當風水球又在我的辦公室轉動起來，我複歸往日的目光去欣賞，但明白了球體的運行是基於物理的動力在支撐它。後來沒過多久，風水球又一次在我的眼皮底下停止了運轉。我再請同事

來幫忙修理，他認為這次的問題不是水泵，當他把球拆下來，發現是承載球體的軌道發生了偏差。

球體還有軌道嗎？這個問題令我很感興趣，我開始推想著球體的運行條件：一是要有水壓的動力，二是要有精密的軌道。平時感覺風水球的運行那麼自然，呈現出永無止境，反復不竭之態，原來是因為有軌可循啦。

這一次風水球事件讓我對維新的管理方式進行了深入地思考。在主觀願望上，我崇尚「無為而治」的管理風格，幻想著只要全體同事每天努力地工作，企業的業績就能不知疲憊地提升，顯然這種期望是很難實現的。

我感悟到無為而治，必須有為在先。

這的確是管理的高境界，然而，如何能達到這種境界呢？難道我現在就要撒手不管嗎？

風水球之所以一按啟動樞紐，它就可以不知疲倦地轉動，首先是雕塑者發現這塊石可經雕琢成才。再有匠心獨具的合理設計，精算運行軌跡、動力提供、系統維護。如果企業是一個大風水球的話其原理也應相同。

我們的歌

「我們維新需要一首自己的企業之歌嗎？」

在一個部門經理的例會上，我突然提出這個問題。

「為什麼要企業歌呢？」這麼流於形式的舉措不是你的風格。阿鐘半打趣地持否定態度。

其他同事也就此題目展開討論，各抒己見。我靜聽著，思索著。

萌生此念頭是一位正在為我們拍企業介紹VCD的朋友提議的。我也沒有經過太多的推敲。在這個問題上，我是沒有明確態度的。至於阿鐘不假思索地持否定態度，我想這是他的風格。他是習慣地對我的觀點或提議先行否定，讓我有一個認真思考的機會去理清是否應該。這些年來，我們都很習慣也很接受這種相處模式。

的確，我被阿鐘的否定態度激起了探求的興趣。

「我不認為是流於形式，它可以成為我們的宣言。」

「嗨（唉）！……宣言，誰有興趣去讀去聽這類宣言呀？政治化的形式令人厭煩，那種嚴肅讓人受不了。」

「啊！我找到了要有企業歌的支點啦。」我興奮起來。

「什麼支點？」

「我在電視螢幕前看香港回歸的交接儀式時，看到五星紅旗升起，同時奏響了國歌的那一刻，我感動得流淚了。心裏那種說不出的熱又帶一點疼的感覺，明明白白地提醒我：我是中國人！這種強烈的感覺是從來未曾有過的。」

「對，當我看見中國運動員在國際獲獎，在升國旗，奏國歌時，我也有強烈的同感。」侯鳳錄說。

「對莊嚴的時刻，有特別的感覺。」阿鐘也點著頭說。

「那麼，日後聽到維新之歌，就知道我是維新人啦……」大家一致通過要創作我們的維新之歌。我們向全體成員公開徵稿，得到非常積極的回應。這是我們的歌，每個字都經過千錘百煉地挑選出來。小妹有幸被採用了部分歌詞，在單協和與董樂弦兩位老師的合作下，一首慷慨激昂的交響曲《維新之歌》高聲奏起，響於我們每位維新同仁的心中，這是我們維新人的宣言：

……

集結天地華彩，點燃盛世華年，匯萃先進科技，扮靚城鄉家園。

在色彩的交響中展開夢的燦爛，在制漆的王國裏揚起愛的風帆。

啊！這就是我，為了共同的夢想，創造維新無限的空間。

啊！這就是你，為了莊嚴的使命攀登啟迪無限的空間。

穿越世紀風雲，終至海納百川演繹維新理念，推動星移斗轉。

在飛馳的時光中留下美的典範，在競爭的時代裏，摘下科技的光環。

啊！攀登啟迪未來的峰嵐，攀登啟迪未來的峰嵐。

人譜色，色亮人

「葉小姐，能否為我們設計一個經典的紅色，用在秋季推廣
會上展覽？」這是合肥昌河經理潭先生的來電。

「當然可以，譚先生，但我不知什麼叫經典紅呀？」我笑著
回應。

「經典就是經典，用你的直覺、靈感就可以想像出來，我形
容不出，但我要看見就眼前一亮。」

「那倒容易，我用黑布蒙住你的眼睛，過十分鐘告訴你新顏
色已擺在你的面前，再揭開黑布，你肯定會眼前一亮，就算前面
什麼都沒有……哈哈哈……」

「我不管你怎麼說，反正三天之後你要交功課，不但要有
新顏色的樣板，而且要做出效果圖，最好也有形容顏色的廣告
語。」

「要不要有購車訂單同時奉上？」

「那就最好不過了，哈哈，三天之後合肥見。」

對於如此信任的命令，我是非常樂意接受的。我來到色彩開發科，與小謝及他的助手們一起展開顏色的開發。由於我不能具體地提出要求，所以我與他們一起做，真的是憑我的直感靈感，在一系列的色漿前面展開色彩配搭。「經典」這兩字在我的眼前跳來跳去，只有那個「紅」字實實在在與我的視線鎖在一堆紅色的顏料範圍內。

我拿起調色棒，在鐵板上塗了大紅色，感覺不穩重，加上一小點藍色，覺得不明亮，洗掉！改用122紅，感覺不豔，將之與179紅混合，好多了，仍覺得缺少點貴氣，加些紅色的珠光粉，效果出來了，但仍欠些經典。現在，我把經典等同穩重，於是再加少許飽和度極高的黑色，果然，經典的味道出來了。

我們繼續完善設計，一邊開始做效果圖，在電腦裏儘量地調較顏色，以求接近塗料的色彩，但很難，那種通透經典的顏料組合，透著紅色珠光的堅毅與貴氣怎能用電腦效果圖代表呢？

「盡力而為吧。」我無奈地對廣告部的電腦操作員說，一臉惘然地望著電腦螢幕的平板色調。

「要不要給這顏色起個名字？」他望著螢幕操作著不經意地問。

「也好，名字賦予含義，能給人想像的空間。」

「那叫什麼？」

「要你做效果圖，怎麼螢幕上出現了匹馬？」

「車馬車馬，設計應該抽象，我打算以馬引車，同一色系」。

「啊，車馬車馬，就叫它駿朗紅吧。」我也不知為何靈感來得那麼快。

「為什麼叫駿朗紅呢？」

「好車如駿馬，朗者如君子。」

「好！駿朗紅，有什麼形容的廣告語？」

「廣告語……你選的駿車英姿不凡。」

「當然啦，不是駿馬，如何縱橫中華大地呢？」

「好，好，我有靈感了，廣告語是，駿馬躍中華，朗朗乾坤氣」。

在場的同事都為我拍掌。

色彩，多麼豐富的世界呀！我們應該成立一個色彩中心，那裏有我們不受約束的遐想空間，那裏是我們美化萬物的感情依託，也是我們把色彩伸延無限的橋樑。

2000年5月，我們成立了色彩中心。第一次，我們邀請了藝術家為我們設計色彩、場地。

開幕那天我醒得很早，不知為了什麼，啜著清茶在飯廳裏來回踱步，突然感到色彩中心是否缺少了什麼，啊……對了，色彩中心不應只是一個靜態的色彩固定的組合，把我的寄望表達出來。於是我坐下，很快地我寫下了這篇色彩中心的開幕序——《人譜色，色亮人》。

色彩，象徵生命。豐盛的人生，少不了色彩的點綴。

珠光，代表深邃，讓你透視著，有無限的遐想。在不同的色彩掩映下，可嫻淑如少女長裙，也可剛毅如將軍的寶劍飾物。

閃銀，直接的表達，亮麗，光明，熱情如年華17，動感的如奔騰駿馬。

運用顏色的魔力，將珠光銀一起融入我們的汽車奔騰世界，讓維新的設計專家毫不錯過地將——

春的百花，夏的涼風，秋的朗月，冬的瑞雪。

人生的熱情、嫻淑、奔放、穩重、深情、傲氣、雄風、冷豔……

表達於我們的汽車華裳，在這色彩繽紛的世界裏，願您找到您一見傾心的鍾愛。

小鳥依戀的工廠

　　坐落在深圳龍崗區碧嶺工業區的工廠，靠近一座山腳，與湖光山色融為一體，花園式的廠房美得讓我驕傲。

　　1997年，這裏還是一塊坑坑窪窪的荒涼的沼澤地，到處蚊蟲滋生。現在這裏成為深圳市高新技術企業，有超過200多名的員工在這裏安居樂業，現代化的廠區成為碧嶺村一道美麗的風景。

　　廠區裏有我們從遠方移植來的幾棵老榕樹，它們枝葉繁茂，根系發達。5.3萬平方米的廠區除了建築和道路，所有的空地我們都植上綠草和鮮花。在食堂的四周，我還特別栽了一些竹子，取其「寧可食無肉，不可居無竹」的含義。現在我們維新不僅是居有竹，而且食有肉。我們還有一個後花園，這裏種滿了果樹，每到豐收季節，沉甸甸的果實就吸引來覓食的小鳥。白色的

流線型建築錯落有致地分佈在廠區內。我相信我的同事們和我一樣深深地喜歡我們的環境，因為這是我們共同營造的。

　　剛開始買下這塊地時，我和同事們就在一起思索：如何建一個嶄新、現代化的工廠呢？翻了很多資料，也去了珠江三角洲和其他地方的工廠考察，都沒有找到心儀的參照物。後來想到歐洲國家對環境的重視，何不去看看呢？

　　於是，帶了攝像機，去了法國、德國、荷蘭、日本……

　　從歐洲和日本回來，立即把同事們召集過來，從拍到的照片、攝像資料中反復觀摩、篩選，最後達成一致意見，確定了現在工廠的建築風格。

　　很長一段時間，圍繞著怎樣把工廠建得更漂亮，我和同事們苦思冥想。

　　在一次出差的路上，隨行的總經理問我：「你發現飛機和火車有什麼不同嗎？」

　　「有什麼不同？」

　　「它們環境不一樣。其實，坐的人差不多，但是在火車上你就很隨意，不會刻意要求自己去講衛生，注意自己的言談舉止；而在飛機上，你就會注意這些。因為環境不一樣。火車上的環境很差，飛機上的環境就好很多。所以，我們的工廠也要把環境設計得美一些，才會引起大家的重視，也反過來影響他們的行為。」

　　他的話給了我很大的啟發。後來讀環境心理學，知道這也

是環境心理學所闡述的核心內容。環境心理學認為，對環境美好的體驗可以讓人產生一種美好、積極向上的健康情感。我們塑造了建築物和環境，而建築物和環境又影響了我們的思維和行為。

於是，廠區內的一草一木都投入了我們的心思。我們精心營造美麗的工作環境，良禽擇木而棲，環境也在影響著我們員工的情緒和行為，我們確信這一切的互動會使我們生產出更好的產品來造福社會。

願華廈之下共用天倫

　　一個人可以不關心政治，不關心戰爭，但是，他不能漠視環境，除非他放棄生存。一個企業就更是如此。如何讓我們的產品既能滿足大眾的需要，又能美化環境呢？偶然間讀到的一則消息讓我心寒：報導說，由於現在很多塗料中使用的甲醛嚴重超標，一種名為「新居家裝綜合症」的疾病，每年會使全國200個孩子死於室內污染。

　　無獨有偶，一天我在香港的辦公室翻閱報紙，一則廣告抓住了我的注意：「……我們證實了家居裝修綜合症的元兇就是甲醛，××噴霧救星來啦！」家居裝修綜合症，是指有人在新裝修的居所裏受甲醛的影響患有多種疾病，由於裝修用的物料裏經常都會含有有機化學物質，這些物質會損害人類健康，破壞環境，其中以甲醛毒性最大。××噴霧就是以化學分解原理，在

新裝修的家居中施噴從而達到消除甲醛的危害。當然，廣告裏也提供了很具體的受甲醛危害的人數，大多數都集中在內地。

我的目光長久地停留在這則廣告上。內地的裝修材料真的是那麼的糟糕嗎？既然××噴霧可以消除家居裝修綜合症的危害，我們可不可以研發出這樣的噴霧呢？

維新理念的第三條為「回饋社會」，為貫徹這條理念，我們專門為之劃撥了基金。那麼，我們可以動用基金研發此類噴霧免費派給有需要的人，那不是很有意義嗎？

我馬上致電我的恩師專家們徵求意見，通過電話會議的討論，我的提議基本被否定了，根據他們的分析：理論上甲醛是可以被分解的，但家居裝修的甲醛是游離在空氣中的，噴霧的分解物不可能像導彈一樣追著甲醛分解。會議結束時，其中一位不經意地跟我戲言：「既然你如此關心居住環境對人健康的影響，最安全的做法就是由你們提供裝修材料。」大家都哈哈大笑。

放下電話，我仍然不能釋懷，想起阿鐘也有個遠房親戚，一個十來歲的小女孩，也是因家居綜合症而得了白血病，我也曾受託在香港為她買過藥，並從她的故事中得知此症不但可怕，而且受害者眾多。

我們可以怎麼樣？啊！Dr.Wong說得對，維新可以在這個領域裏發揮她的專業結合社會道德，儘管天大地大，維新的力量仍是渺小的，但她可以積極地回應人類健康及環保的訴求，以能力的最大限度給社會帶來正面影響。

我把這心路經歷向我們的團隊敘述,我們展開就開發環保型家居裝修塗料的可行性腦力振盪,最後達成共識,決定立項發展。以我們的技術能力及設施基礎加上強烈的社會責任感,肯定可以創造出環保產品。據統計中國內地在2001年的裝修塗料市場吸納量超過200億人民幣,是一個商機無限的大市場。發展這個專案,正好符合美國管理大師德魯克先生所說的:「企業是立足於滿足社會要求而帶來有盈利的經營活動。」

　　我們立項展開研究,其中品牌的命名卻耗用了我們不少的思索及討論時光,我們都希望通過品牌的命名表達我們的經營訴求。我們為什麼要向社會提供家居裝修塗料。我們希望世界可以返璞歸真,人類棲於仙境,共用天倫。「仙境」太美妙了,童話故事裏的愛麗斯夢遊仙境,多麼令人嚮往。我們要用家居扮成仙境「wonderland」,就這麼定吧。大家一致通過,為了註冊的原因,我們把wonderland寫成wondaland,一個極佳的英文品牌用哪個同等分量的中文字與之匹配呢?我們向全公司發出徵求,收到無數的建議,但感覺都與如此大氣的wondaland分量不能對等。廣告界的朋友、教育界的朋友、商業界的朋友,甚至政治界的朋友都幫忙提議,但仍然未能找到令人眼前一亮的片語。

　　一天傍晚,我與阿鐘在公司園內散步,時已初冬,但仍滿園翠綠,美人蕉的花正嫣紅燦爛,大群的麻雀有的在草地上覓食,有的在樹上的鳥巢間往返。微風輕拂,但並不寒冷。員工正

飯後徐徐離廠，面帶輕鬆笑容與我招呼，一切是那麼地和諧。

　　啊！仙境，天倫！在幻想中仙境是無憂的。人類也應該在無憂中享受天倫！當勞累後歸巢應是溫馨安全的，何不就叫天倫呢？我們的使命就是要成就人類在安全的窩居裏共用天倫。阿鐘笑著說：「寒酸的窩居談不上享受，泥磚房根本就沒有化學物質的污染。」那就加一個'華'字吧，華廈需要裝修，我們相對而笑。華天倫就這樣定下來，我們期望它能成就全人類在華廈裏共用天倫。

華天侖的理念載體

　　基於「華天侖」這樣的品牌信念，我們建立了環保ISO14000環境管理系統，並把環境方針刻在不銹鋼板上，懸掛在民用塗料辦公樓的大廳。

　　現今，「華天侖」品牌的綠色環保家居塗料已經在全國市場全面上市，使我欣慰。我希望我們的品牌，我們的產品能夠成就人類天倫之樂的夢想，這也是我們對客戶的永久承諾。

　　為此，我們的技術總監Dr.Winner，一位非常資深的水性塗料研究專家。成立了特別專案小組，以他的豐富經驗加上他全球的好友支援，帶領我們的技術隊伍展開了高性能零VOC內、外牆塗料的研究。我有幸被推選為項目組長，參與了如此莊嚴的產品開發。

　　2003年9月，我們開發的「高性能零VOC環保內外牆塗料」

項目順利通過了由江西省科技廳組織的專家組鑒定，研發工作取得了重大突破，填補了國內高性能零VOC環保內外牆塗料生產的空白，不僅VOC含量達到零VOC定義的標準要求，而且克服了傳統低VOC塗料在耐洗刷和凍融穩定性方面的缺陷，主要性能指標明顯優於國內外同類產品。該項目正在申請成為國家的火炬項目，成為中國首個被國家肯定的優於其他同類產品的環保產品。

這是「華天侖」的「先天」優勢。

對於社會環境的保護就像對待自己工廠的環境保護一樣，在我的理解中，這二者絕無偏頗。事實上，我認為對於環保塗料的研發是我們華天侖品牌理念的載體。環保塗料是社會所需要，也是客戶所需，我作為一個塗料企業的帶領者，既要為企業創新獲得可持續發展的財富，也要為客戶創造相應的價值，更需要為社會承擔責任。所以不管從哪種意義上，我有義務組織研發更環保的產品，來引領塗料工業的健康發展。

理念誕生

2001年我在卡耐訓練接受「經理人領導訓練」。在班上講師提出了一個這樣的講題:「在一項調查中,我們中國的民型企業平均壽命不超過五年,為什麼中國的企業不能長壽呢?原因很多,其中一個較為顯著的原因是短壽的企業通常沒有一個可持續性的全體員工共同目標。國外的長興不衰企業均存在著平衡發展的要素,以一種全體的共同創業價值形成企業文化,達到社會、企業及員工和諧共處的平衡。」

對此觀點我非常認同,在美國陪女兒出國讀書度假的10天裏,我參考了許多相關資料。對照維新的現狀及我所希望的將來,我肯定有年邁退休的日子,而維新,她將借人的思緒發展及調整如日月交替不斷,維新能像天地不老。這就要靠我們的共同價值,我的思緒遵從社會、員工到企業這三方面展開思考。終於

在夜晚的寧靜中，伏在我兒子在美國簡單居所的小飯桌上完成了維新理念的初稿。後經同事們的合力參與、錘煉，形成了今天刻在漢白玉上的維新理念。成為我們全體維新成員的工作樂譜，維新理念：

　　＊全體合力使本企業成為中國制漆工業的先導者，以持續開發優質產品及服務，引導客戶共同進步，促進社會發展。

　　＊使員工皆能受到尊重及獲得發展空間，創造一個海納百川的氛圍，確保公司的持續改進及成長。

　　＊回饋社會。

　　維新理念得到全員的認同，刻上「維新理念」的漢白玉大理石矗立在公司的入口處，每一個走進公司的人第一眼就能看到它。

　　這一理念成為維新發展的核心價值，是公司的靈魂，就像是一張樂譜，在維新所有員工的努力下奏響。

　　萬物生於有，有生於無。人的思維潛藏著無限的智慧和動力，它需要一種精神或者理念去指導，有什麼樣的意識決定什麼樣的行為。維新理念成為我們的永續目標。

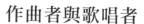

作曲者與歌唱者

我曾看過一個電視節目，其中有一個環節是頒「最佳詞曲獎」，上臺領獎的是鄭國光，他的得獎作品是《隨想曲》。

鄭國光興奮地接過獎品。

「感謝小鳳姐傾情演繹，她深刻地領悟作曲者的創作意境，把歌的靈魂透過高超的歌藝把它詮釋出來……」

塗料是一個很特別的行業，我們所製造的產品，到使用者手裏只是一種原料。所以，在未使用之前，是無法肯定它的品質如何，甚至是好是壞。它必須在使用者的演繹下，才可展現塗料的特性。那麼，維新只是「作曲者」，品質的優劣要我們的「歌唱者」，也就是我們的客戶才能演繹出來。無間的溝通，就顯得非常的重要。

維新理念的誕生，使全體員工有了共同的企業價值觀，讓我們對自己提出了更多的要求。因為，我們要做中國制漆行業的先導者。

　　從1995年開始，我們從國外陸續購進了一些一流的設備，其中包括用以檢測油漆使用壽命和耐候性的美國產的ATIAS-CI4000氙燈人工加速老化機，這是我國塗料生產中唯一的一台具有該性能的設備。用來檢測刷洗油漆效果的德國造塗膜耐洗刷實驗儀，也是中國塗料廠家中獨一無二的。還有德國的溫度梯度烘箱、油漆表面張力測試儀，英國造自動機械手噴塗機，德國德萊斯110KW高速分散機……到2000年，我們已經成為同行業中擁有檢測設備和分析儀器最齊全的企業，這些為我們的研發和生產提供了保障。我們也能向客戶證明：產品說明書上的承諾，都有相關的檢測設備來檢測。

　　早在1996年公司導入ISO9001品質管制體系時，我們已制定出品質政策：

　　＊以堅實的化學知識作研究基礎，致力保持產品品質在制漆業中的領前地位，以優質的服務提供，引導客戶共同進步。

　　＊透過現代經營哲學的應用，與供應商和客戶建立長遠而密切的合作關係，深入瞭解顧客所需，全面收集塗料最新訊息，率先掌握最新的原料應用科技，運用我們的設計開發能力，不斷提高產品品質及開發新產品，以滿足顧客不斷進步的要求。

　　＊透過職業訓練及QS9000/ISO9001的品管精神的不斷灌

輸，使每位員工全面參與品質管理。

　　＊以開始做好為基礎，嚴格執行每個環節的運作，以達致卓越的配方設計在產品品質中得到充分的體驗。

　　我們把它寫在不銹鋼板上，懸掛在行政樓的大堂中間，讓全體同仁銘記遵守。每位同事在品質政策中找到自己的位置，而且明白該做什麼。

　　我們之所以能夠迅速贏得宇通客車的信任，一個重要的原因在於，我們有效地提高了汽車漆的固化速度。大巴上的色帶的噴塗幹燥時間直接影響到生產節拍，因為每噴完一條色帶就要等它固化以後才能噴下一條，這個環節使整個流程的效率受到了制約。當這個資訊反應到技術部時，我們就馬上派工程人員去宇通客車研究讓塗料快速乾燥的方法。

　　針對客戶的需要去開發新的技術，國外的名牌企業也很難做到在短期內為客戶開發用量不大的適合產品。通過在宇通工廠，現場研究，和一次一次地與他們的工程師進行交流，我們研發人員最終成功地將漆的固化速度加倍提高，這樣使得每天可以噴塗的大巴從 50 台提高到了 63 台。

　　我要讓客戶感覺到我們這種提供及時、長期服務的誠意，也能為維新的新產品新技術的研發收集第一手的材料，取得先機。

　　2002 年，我們駐江鈴技術服務的員工要求提高江鈴寶典皮卡車的噴塗合格率。我們技術部結合現場服務人員一同在江鈴

的生產現場觀察，發現的情況是噴出的漆有顆粒，但是不知道是環境中產生的，還是在霧化過程中產生的。這就是說問題是多方面的，也許不是維新的產品問題。但眼下也不是誰的責任的問題，我們的做事方式就是首先把問題解決掉。

就此問題，我們向江鈴要求成立解決問題的工作小組。這樣，維新與江鈴的雙方面共同成立了ＶＲＴ（VaryReduceTeam）小組，並開始常駐現場解決問題了。

「一個月之內，合格率從70％左右提高到90％。」這個速度江鈴廠方深感滿意。

我們拿下哈飛汽車的訂單是一個速度決勝的更為經典的例子。那是1995年年底，當時哈飛急訂了一批10噸的藍色塗料，在此之前，他們一直使用在中國授權生產的國際名牌塗料。這次貨訂得很急，但供應商仍是照慣例操作，從下訂單到產品出貨需14天的時間。由於哈飛給不出14天的等待時間，因此，就給了維新一個接受考驗的機會，要我們儘快把他們所需的產品送到。

我們全力以赴，連生產在內計畫用7天時間，把貨物從深圳送到了哈爾濱。

這個7天足以讓哈飛管理者們吃驚，他們給了我們機會，看我們是否真能在7天做到。我們並沒有讓哈飛失望。在規定的時間裏，訂單的10噸貨順利到達哈爾濱。我們的生產能力、充足的材料儲備，最重要的還有我們的誠信，使我們贏得了「哈飛」的信任。

一段黯然了的精彩

　　1991年秋天一個晴朗的早晨,我從香港回到了我們位於深圳寶安區的工廠。那時的啟迪化工規模還小,整個廠房由一幢約3000平方米三層半的建築物構成。地下是倉庫,二樓是生產車間,三樓是實驗室及辦公室,也有五間住房,第四層只有半層,是員工宿舍,另外露天的半層則改建成廚房及食堂。

　　那天,我穿得頗為整齊,是一套紫藍色間有灰色線條的套裙,裏面是一件同色系的長袖絲質無領襯衣,傳統的黑色皮鞋,自我感覺既莊重又不失時代感。因為我要面試一位元化學師,他是通過我們工廠唯一的化學師彭鋒介紹,專程從江西南昌前來深圳應聘的。

　　在三樓的辦公室隔著透明的玻璃看見實驗室的幾位同事如常工作,彭鋒的身邊站著一位個子不高、身型消瘦、衣著樸素的

男士，一雙機靈的眼睛好奇地打量著周圍的一切，但他並未留意到我的出現。我輕敲玻璃與彭鋒打招呼，他則用手勢向我表示他介紹的人來了，我示意他們過來。

他們坐在會議桌我的對面，彭鋒介紹：「這是我們公司老闆娘黎太，這是我的同學鐘輝萍。」他疑惑地盯著我，再用徵詢的目光轉向彭鋒。

「是的，她就是我們的老闆娘。」彭鋒肯定地補充著。

我從他們的眼神中明白了他們交流的內容，便說：「我不像老板娘嗎？」

他靦腆地笑笑，一臉的稚氣。在他的臉上有一條明顯的疤痕，不難想像他童年時肯定是個調皮蛋。

「介紹一下你自己好嗎？」我說。

他說：「我叫鐘輝萍⋯⋯」他有些緊張。我猜也許本來就是口齒不清晰的原因⋯因為我未聽清楚他的名字。

「寫給我看看。」我善意地笑笑，把桌上的信紙推給他。他掏出自帶的鋼筆，把鐘輝萍三個字結結實實地寫出來，字體倒是有點秀氣。

簡短的會面就通過了考核，說實在話，我也不懂化學，聽他說有知識及能力就行了。反正我沒能力證實。第一印象他是一個有上進心的年輕人，勤勞而且老實。

他很快就成了我很欣賞的同事，儘管他未曾做過塗料，單靠我從外帶回的建議配方開始，按自己發散性的思維擴大試

驗，就在無數的物料組合中，選出了最佳配搭。很快，他可以從氣味中辨出溶劑的種類，調色、噴板無所不能。他剛上班不到一個月，由於工廠管理不善，工人集體辭職，新聘工人都不具備生產塗料經驗。阿鐘首先將自己定位於技術工人，以他的悟性及高度的投入，一下子成了工人們的師傅。

後來工廠多了幾個化學師，大家分工操作，他被分配負責技術。每天，他都努力地工作著，並將每個操作記錄、每個配方的實驗結果、比較報告等永不錯漏地整理保存。每次見我時都詳細解釋給我聽，慢慢地，我培養起對塗料的興趣。加上韓國金先生的間歇性教導，我也成了技術員。他們還客氣地說我是技術部的領導，每次探訪客戶時，我都以化學師自居。其實，通常都是阿鐘事先為我做好的準備，由我演繹。但我的優點是理解能力強，能以不專業的詞彙解釋專業的技術，所以客戶都認為我是資深的工程師。阿鐘很少說話，但他卻是幕後英雄。

他見我頗有悟性，但無化學基礎，就為我選了一本初三的化學教科書，一章一章地教我，而且還要我做功課。就這樣，在這位恩師認真的教導下，我學會了塗料的化學基礎。

「我很難相信你是老闆娘。」

「怎麼呢？」

「你沒有化妝，也沒有戴珠寶，更沒有盛氣凌人的滿臉橫肉。」

「那我也許會參考你的提示，日後作出修改。首先是盛氣凌

人地粗聲罵你。」

「哼，如果你罵我，我就罰你抄化學分子式。」

……

阿鐘，我的好同事、好朋友、恩師。

1994年9月14日早上8時許，我接到阿鐘的電話：「工廠起火啦，火很大，什麼都沒有了，什麼都沒有了……」他在電話裏嗚咽著，當時我聽不明白他在講什麼。但是「工廠起火，火很大，什麼都沒有了……」那嗚咽的聲調至今仍十分清晰，他視廠為家，我感受相同。

「我在工廠的廢墟中發現了一堆未燒壞的樹脂！」火災發生12天之後的晚上，阿鐘在電話裏驚喜地告訴我。

「但是，我們現在什麼工具都沒有，怎麼可以把每桶200多公斤的樹脂移上山丘的鐵皮小廠呢？」

「放心，我們年輕有力，我已組織了工人們開始徒手搬運，我首先與一個工人合力推了一桶上來，他們見了我的示範，也都在努力著。謹記，我們都願意為重建啟迪付出更多、承擔更多……」

我們那個小鐵皮房工廠，狹小、多蚊、悶熱，阿鐘就在那裏守著一年多的每個日夜，以驚人的勤勞及感悟協助我，使工廠恢復了生產，而且產品在不斷地完善，在精神上攙扶著我重新爬起。

他是我創立維新時的唯一雇員，協助我開發汽車漆的研究

及推廣，他的足跡一步一步地寫在他一本一本的日記裏，至今我仍保存著，讓我永遠回味著與他合作的日子。

我不能肯定問題出在哪裏。

1999年之後的阿鐘，讓我感覺到日漸在遠離，昔日的投入感不見了，價值觀的變化使我惘然。直到這一刻，我仍想不出可改善的地方，只知道我們一步一步地遠了，經過近5年的努力再磨合，我們之間的距離感更大了。我已心累，也許是沒有選對方法，只感到不應強求。

佛教徒認為，「隨緣」是人生最重要的秉性，如果把一切曾有的經歷視為一盤自己做的飯菜，那麼它是有時效性的。我們只能活在當下去享受它，攝取養分並保留記憶。但不能把實體保留及長久擁有，而應憑著記憶的經驗每天要求自己做得更好。

在2003年12月8日，終於結束了我們長達12年半的合作。

我承認，讓他離去，是我所做過的最艱難也是最痛苦的決定。如果真有時光倒流，我只要前面的8年，那麼，我就可以只保留對他永遠、永遠的感激。

已記不起上次逛花市的準確年份了，只依稀記得，1992年後，在經商風險中經歷了數度的起起落落。加上小孩出外讀書，那份辦年貨、買新衣、逛花市的興致早就泯滅於無聲的歲月中。人在匆忙中旋轉，兒女漸漸成長，事業也小有成就，除了假日想到為兒女做些他們兒時所愛的小菜外，對家庭，已沒有什麼

貢獻了。對家中頗大的一個花園也少有欣賞。記得去年底曾在一次要做決定的困惑中，我獨端清茶呆望。雖然時已冬季，但仍是滿園翠綠，魚池流水輕淌。我也未曾注意到茶花的花季及花期，但那時正開著紅色和白色的花，有盛開、有凋謝。幾種不同種類的小鳥在園中游戲尋食，在清晨的朝陽下歡唱。我想起一幅對聯：「榮辱不驚，看庭前花開花落；去留無意，望天上雲卷雲舒。」這份隨緣隨意、這份坦舒，我能擁有嗎？我在喃喃低詠，伴著流水鳥鳴。花開花落，雲卷雲舒。生於自然，變於自然，人也應順應自然。我正在思量著是否應該通知一位共事十二年多的經理辭職。此時許許多多的感受如人生的五味小碟，盛滿了鹹甜酸苦辣。他曾伴我走遍中國大江南北，遠赴東瀛及歐洲，在一個不足100平方米的鐵皮房支持著我的事業起步。他那份對工作的超凡投入，曾令我感激不已。遺憾的是，近幾年來我們的價值觀出現了明顯的差異，這差異導致管理風格的分歧，同步共進已成了過去。

我拾起一朵落花，思量著她的生命週期，我忽然想到，我們該以園丁自居，而事業是鮮花，我們在不斷地努力培育，讓每朵花都能完善地走過她生命的全程，記住她曾有過的輝煌，知她離去得無憾。這份舒坦屬於無愧的園丁。

我們是園丁！要坦然地面對花開花落，就得全力耕作，既然今天的他已無意耕耘，何不坦誠地送他走出田園？外面，應有他夢想的世界，以他的能力，他會得到想要的一切。記住他過往

曾在這裏讓許多花朵豐盛過，今日的枝繁葉茂飽含著他昔日的汗水與辛勞，把這份感激藏於心中，坦誠的合作不應互相妥協消磨，而致心累。

我突然醒悟，嗟歎花落者肯定不是努力耕耘的園丁。能坦誠、自若的人，是努力耕耘心田的人。

園丁之所以無愧花落，因為花會在他的悉心照顧下燦爛輝煌，無憾離去，且落紅又育新花。

今年歲晚，我拾回了遺忘多年的逛花市興致，買了一盆君子蘭、一盆海棠、九枝劍蘭，加上一位好友送來一盆蘭花，頓覺滿室生輝。我學習了對花的護理，由於賣花的嬸嬸教了我兩招育蘭法寶，現在的九枝劍蘭已盛開，簡直氣勢如虹，笑傲嚴冬。海棠則滿樹花蕾，嬌紅欲滴，含蓄得教人心醉。君子蘭又教了我一課，買回來時，她那太肥大健碩的葉片正重重地壓著一串花蕾，當時我還在思量著是否需要將葉片撥開，好讓花蕾獲得發展空間，但未有行動。慢慢地地，我發現花莖與厚葉在無聲競爭，花莖漸漸地獲了友好的位置，頂端的兩個花蕾已燦然開放，奪目得宛如出塵脫俗的大家閨秀，兩旁的厚葉緊挨著她們，猶如忠心的侍衛。

我舒坦地欣賞著，拾回了遺忘多年的許多感覺……

這是我2004年春節寫下的一段文字，也算是我與阿鐘共處的一段心路的總結。

先導者的角色在向我招手

以目前維新的產品而言，太集中於汽車塗料層面。整個汽車行業的需求量也不大而且面不廣。世界各大塗料名牌都對中國汽車塗料市場志在必得，以維新的發展歷史及規模，面對高手如林的市場，短期脫穎而出顯然很有難度。「只有大市場，才可成就大企業」，維新理念的確立，為我們帶出了新的課題，我們需要拓展經營思路。

按這種思路，2003年9月，我們研製出「高性能零VOC環保內外牆塗料」，並通過項目科技成果鑒定，這代表著我們走出了民用塗料的第一步。而今「華天侖」綠色環保塗料已經帶著我們對綠色家居環境的良好期盼走進了千家萬戶。這一步，我們邁得相當幹脆，足以讓整個塗料領域對維新充滿希望。

在這種希望的催生下，我們找到了另一個突破口——中集集

裝箱的貨櫃塗料。

　　2003年初秋，深圳的天氣仍然是非常炎熱。我與我的同事跟隨著中集集團的黨委副書記馮萬廣先生參觀他們位於深圳龍崗區地東部生產基地。這是世界上生產集裝箱節拍最快的一條生產線，每4分鐘就可完成一隻20噸的集裝箱。中集集團是世界上最大的集裝箱供應商，在中國擁有13個生產基地，佔世界市場份額的60%以上，2003年銷量達1173293TEU，塗料用量之大可想而知。

　　如其他的大型塗料使用廠一樣，強烈的有機溶劑氣味彌漫在整個工廠及周邊。生產線上一片繁忙，每只集裝箱都有4個工人穿著全身的保護衣物，戴著防護面罩在裏面同時施噴，漆霧充滿了集裝箱的內框，工人在漆霧中操作。

　　步出工廠，馮書記問我對集裝箱的表面處理有何意見？我直接問他是否有接納修改的空間。

　　他笑著說：「帶你們來參觀工廠，肯定是希望得到有建設性的提議，甚或改善，要不然，目前的塗料供應商均為世界知名企業，合作多年，供應及使用都早已穩定下來，若你們只是模仿他們的同類產品，對我們來說並不具備參考意義。」

　　馮書記笑著看了一下我們，繼續說：「我和麥總裁都有意進行一場塗裝革新。作為集裝箱行業的領袖，亦有責任去做行業環保先鋒。你們好好研究一下，如何能突破性地將這傳統的貨櫃塗裝表面處理革新一番。我們中集是進取型的企業，敢於創新，你

可以不受任何限制地設計環保、無公害的新型塗料，甚至改變我們目前沿用的工藝。我們樂意對新材料的應用投入設備。當然，這一切都基於風險分析之後才能決定。一次性的投入沒有問題，但長期使用的成本也是一項重要的考慮因素，競爭力的重點來源於成本。」

我很明白馮書記的意思。我們約定兩周後我向中集總部提交建議方案。

這樣，我們的項目小組成立了，我們的技術總監Dr.Winner擔任組長，我則負責溝通和協調。

Dr.Winner剛加盟我們公司不到半年，是一個在泰國出生的美籍華人，有30多年的制漆經驗，在塗料界擁有多項個人專利成就，他對這個項目頗有把握。這個課題立項的名稱為「集裝箱水溶性塗料開發」。以Dr.Winner的經驗，三天就列出了研究大綱，再加7天的資料收集，一份完整的建議方案準備妥當。

在我們與中集的溝通會議上，Dr.Winner條理分明地介紹了我們的設想，將目前中集集裝箱所使用的有機溶劑型塗料徹底地改成低公害的環保型水性塗料。他從水性塗料與溶劑型的差異特性講起，分析兩種塗料類型的利弊，甚至解釋到差異所在是基於何種物質的分子結構、化學反應基理。

他的解釋太專業了，令外人有些難以理解。還好，我也曾研究過水性塗料，雖然不是集裝箱塗料，也沒有他那麼專業，但對基礎還是瞭解的。我用生活化的語言給他輔助解釋，好讓與會

者明白。

中集方面很感興趣，不斷提問，有些是博士可以即場回答的，有些則要稍後才能作答。最後一個是成本問題，大家都知道，水性塗料不但施工與溶劑型不同，而且施工條件比較苛刻，更甚者，成本要比溶劑型高出很多，我明白在目前國家尚未立法禁止使用有機溶劑時，中集集團已考慮到：

第一，將來政府肯定會立法；

第二，作為行業的領袖，應盡義務給行業起正面的帶頭作用。但我應該更多的理解，他們也要講求目前的競爭力，不能為此犧牲太多。為了表示我們的理解及對他們社會責任感的認同，維新也應該盡綿薄之力。我承諾他們在塗料成本方面不會高於目前的成本20%。

當時我已知道這是一個微利甚至無利的項目，從他們目前使用的溶劑型塗料價格中就可以算得出來。但是，這項目是一條未有人走過的路，而且能與世界最強者為伍，一旦項目落實，將會改寫集裝箱行業的世界標準。地球上一年就可以減少幾十萬噸的有機化合物的污染。何不給自己企業一個健康地成長機會呢？

當馮書記聽到只高出20%時面露笑容，表示可以接受，更說污染處理及消防費用也可因此而有所節省。

兩周後，第二版的建議方案完成。當我們結束會議討論後，馮書記領我去見他們的總裁麥伯良先生。

麥先生是一位很謙厚的人。他沒有坐在他的大班椅上與我談話，而是把我招呼到他辦公室臨海的小茶几椅上對座，讓我感到對等而舒服。

儘管麥先生的安排對我的心理是那麼地照顧，但我明白這是一場考試。作為集裝箱行業世界巨艦的掌門人，他不能不謹慎地考核每一個合作夥伴。

「葉小姐，請你介紹一下有關你的企業背景及你個人對我們開發新型水性塗料項目的意見。」

我知道麥先生很忙，所以，我已稍做了些準備。我大約用了15分鐘時間介紹了維新的成長歷史及目前狀況，坦然描述目前的規模。也許是維新理念已根植心中，並貫穿整個靈魂，整個介紹中，尤其談到中集項目的構想，我充滿激情，連自己也被感動。我凝視著麥先生，仿佛對著大眾演講，在他點頭回應的眼神中得到了鼓勵。

「葉小姐，我喜歡與負責任的人合作。從你的介紹中，我有理由相信你的公司能成為我們的合作物件，儘管你們的發展歷史並不太長，規模也不算太大，亦算不上國際知名，但我欣賞你的風格，有強烈的責任感、目標感，而且充滿自信。好，恕我不謙虛，目前中集的實力應該比維新大，如有任何需要幫忙，請別客氣，我願意為這專案有所付出，老馮會積極配合發展。」

於2003年10月23日，我們簽訂了共同開發協議書，共用科研成果。雙方成立專門負責該專案開發小組，共同開發集裝箱

水溶性塗料。經過8個月的共同努力完成了塗料的開發、應用工藝的調整。2004年6月28日是一個值得紀念的日子，五只用水性塗料噴塗的集裝箱在大連中集的生產線上完成。標誌著該行業大量耗用溶劑的標準將由中集與維新合力改寫。目前，中集集團正在南通的太倉港興建世界第一個使用水性塗料的集裝箱生產基地，成為該行業的環保領袖。

感謝中集集團領導的信任，讓維新在該領域擔當了行業的先導。同時我感激所有該專案的參與者，合力寫下了這莊嚴的豐碑。

擁有中集這樣實力龐大的客戶，是維新業務領域拓展的又一個重大的飛躍。我們不再拘泥於汽車塗料這個單一的市場空間，而是把激情的觸角向無限廣闊甚至多維的空間延伸。

被需要是如此快樂

　　企業的存在，就像德魯克所說，是為社會的需求而存在，當然這種需求是在太陽之下，流光溢彩的需求。維新的使命，就像永不知疲倦的織女一樣，為流動的汽車和溫馨的家居，做美麗的衣裳。通過這個美麗的社會使命，終能為自己贏得財富。

　　財富並不只是一種概念，實際上它是實實在在的物質。人，生的時候不可能帶來，精神離開的時候也不可能帶去。三千弱水既然帶不去，而自己所需只是一瓢而已，那多餘的財富如何處置呢？

　　儒家思想用「仁」的精神來對待財富：「己立立人，己達達人。」這是說當自己已經取得了一定的地位或者財富，就要把自己的所取兼濟他人。後來，孟子對這種仁有了更精闢的闡述：「窮則獨善其身，達則兼濟天下。」這說明人貧窮的時候只能顧

及自我，但富貴了，就不能忘記天下之人。

從維新成立至今，我們已經通過維新助學基金捐助了一些求學受阻的孩子和學校。雖然只是螢燭之光，但我仍希望照亮和啟迪他人。在助人之路上我和維新仍將樂此不疲，因為這讓我體驗到被需要的快樂。

對財富的這種處理方法讓我贏得了另一筆財富：我心中富有。

培育美麗的草原

曾經有人告訴我，財富是一匹人見人愛的駿馬，但總是很難追上它。那就培育一片肥美的草原，自然而然，駿馬就來了。

我自己的草原是維新集團，它是我贏取財富的實體，而綠草則是美麗的塗料，憑我們全力打造的「維新」汽車漆、「華天侖」民用塗料品牌，財富自會尋芳而來。

創業的心態我很難忘記，對研製塗料配方的激情，對國產汽車塗料的需求空間很強烈的自信，讓我們像一台發動機一樣，絲毫也不會鬆懈。

我很喜歡世界管理大師德魯克的一句話：「企業經營就是為滿足社會需要而帶來盈利的行為。」這句話我這樣理解，企業肯定是要獲得財富，但企業存在的價值或者目標是為了滿足社會的需要，而不是滿足財富的獲得。企業財富是經營行為的記分

卡，財富的多寡說明了企業滿足社會需要的程度，也說明了企業的社會價值。

德魯克的話讓我更堅定了自己的想法：做好企業！

這就是像營建一片草場，營建美麗的東西本來就是快樂的，它讓我樂在其中。我也愛把自己對做企業的快樂傳達給我的同事，我告訴同事，做企業與做人有一個共同之處，就是必須在做自己的前提下，讓財富的駿馬馳騁在個人的視線裏。

我一向認為這種先做好企業的心態很重要，這使得我脫離於狂熱的對財富過度追逐的心態。我會重視產品的品質，重視對客戶的服務，實實在在地做事，以我的專業，成為客戶的好朋友，好顧問。用平和的心態來贏得客戶的尊重。同時，從這些年對維新經營的實踐來看，我覺得這種創造財富的心態也是正確的。當我們的產品滿足了社會的需求，全體同事的能力得到發揮，財富增加是必然的結果。

有朋友問我，你現在已經有足夠的財富來滿足任何的物質需要了，為什麼還要這麼辛苦地奔忙呢？我笑著回答：「因為我能從工作和平淡的生活中享受快樂。」

每天清晨開著車，欣賞著清晨山川河流的美景，意興盎然地走向工作崗位。我會在辦公室聽著音樂工作，吃著零食開會，開著玩笑溝通。或者在高爾夫球場練習擊球、購物、聊天、與家人吃著茶又或是匆匆趕路上學……。

工作、休閒、家庭生活該有的我全有了，這難道不是一個

完整的人生嗎？財富物質給我提供了這樣滿意的生活，這對於我來說，擁有財富總是一件愜意的事。我能讓子女們在國外接受優秀的教育，自己也能在職接受培訓，以啟發自己的管理思維；我們能陪子女在國外度假，一家人在遊歷中豐富人生閱歷；我們能做自己想做的健康的事情。這些已經夠了，再多的消費對我們來說已不具備意義。

對於事業，員工的智力開發需要教育資金、創意經營需啟動資金，這些都需要財富的支援。做好企業，我並不僅僅是注重產品的品質，還要把好的產品和服務模式向更多的客戶推廣，這就需要企業的規模不斷地擴大，財富又要以資本的形式投入到企業的再生產中。

因為，我認為對於從社會中取得的財富應該這樣分配：首先繼續投入，壯大經營及增加企業的控制風險能力平衡發展；其次是個人的經營回報；再次是回饋社會，以維新教育基金來明有需要幫助的人。

千間瓦房半床眠

「萬頃良田求一飽，千間房屋半床眠。」這句古樸的財富哲理，我已記不起是什麼時候媽教我的，應該是早在我還未成年的時候。我當時完全不解，在那個物質奇缺的年代，加上貧窮的家庭，當然是有飽有床已是最好的了。莫說半床，那時我們三姐妹同床也算不錯啦，還要求什麼呢？

漸漸年長，有能力為自己提供足夠的物質了，才明白這個世界除了有飽有床的需求之外，還有很多很多⋯⋯

在一次身心語言程式學的課堂上，老師給我們講到了人生的目標。

「大家要清楚，我們最想要什麼。如果你不能真正明白心中的渴求，你所定的目標是很難達成的，因為動力不夠。」老師的眼光掠過每一位同學，停在前排一位同學的臉上。

「你是否可以告訴我，你的人生目標是什麼？」

「我，我是一個很現實的人，我的人生目標就是要獲得很多很多的錢。」同學有些羞怯地說。

「要很多的錢用來做什麼呢？」

「有了很多的錢，我就可以有很多選擇空間。」

「例如呢？」

「我可以為我的兒子提供更好的物質基礎。」

「還有呢？」

「我可以毫不計算地為自己購物。」

「還有呢？」

「我可以身心放鬆地去旅行。」

「還有呢？」

「我可以奢侈地請客。」

「好。為兒子、為自己提供物質，奢侈地請客、購物、旅行，目的是……？」

「目的？目的當然就是享受人生呀。」

「如果兒子只認物質不認你，你的物質只是孤芳自賞，你的朋友只是飲食男女，那又是……」

「那，我……我有錢我就有快樂，窮人真慘啊。」

「人窮固然很慘，可是你還未回答我快樂的來源。」

「有錢就會有主動。

「主動不是人生的目標。」

「反正有錢就有選擇。」

「選擇也不是人生的目標。」

「那……那我也不知道是什麼啦。」

「所以你還未獲得很多的錢，因為你不知道真正想要什麼。」

我們都肅靜地聽著這段對話，偶有譁然大笑，大家都很感興趣。人生目標——這確是一個好課題，如果目標未弄清楚，要達成確實有些難度。

錢，它真的不該是目標，它應該是工具，明你去找尋目標的工具。這一刻，我對媽的教誨又加深了理解。

沒錯，千間瓦房半床眠。這句話一直成為我做人和對待財富的基調。財富實際上是人在生命歷程的一種工具，這些工具換到我生活所需要的物質，當物質得到滿足之後，財富的工具性能就顯得非常的明顯。多餘的財富拿來做什麼呢？

這是一個很好解決的問題。當我的公司賺到第一筆錢以後，我就在想，這筆錢來自何方呢？是我和員工們勞動的心血嗎？也許是。但細細追述一下，我們的努力是在創造社會的需要，從而由社會來選擇我們的產品。這形象地說明我們的財富來自於社會。

不管是做企業還是做人，我常常以感恩的心態來對待一切給我幫助的人，也許，這些人也需要其他的明。不是別的，是社會的需要讓我贏得了我的事業和財富，這令我感激。所以我決心利用財富這樣的工具來盡我所能回饋社會。

愛心無限

　　我非常欣賞福特汽車公司主席貝爾福特的一句話:「一間好公司會生產優質的產品,提供良好的服務。一間偉大的公司,除了生產優質的產品,提供良好的服務以外,還會努力使我們的世界,變得更美好,更幸福!」

　　作為事業小有成就的人,當我把目光注意到那些貧困地區人們的生活時,心裏總是感念不已,暗暗震驚於他們生活的艱辛和祖祖輩輩反復演繹的貧困。隨著中國的日益發展,富裕的人群逐漸龐大,而貧窮的人並未消失,因貧困而失學的兒童還大有人在。事關下一代希望的問題,這讓整個社會都在關注,而我作為企業經營群體中的一員,更有理由把我們的關愛灑播給他們。

　　有一次,我在飛機上隨便翻閱一本雜誌,裏面的一篇報導觸動了我。文章敘述了一位元記者一次隨扶貧隊伍行動,是粵北

地區政府給偏遠的山村派發扶貧資金。當他們越過很長的崎嶇山路抵達目的地時，已是上午10點多了。

那真是一個人口疏落且極度貧困的山區，但奇怪的是，幾乎所有的村民都沒有起床。扶貧隊挨戶敲門，把他們喚醒，交給每戶200元，希望他們可以提早預備明年開春耕種，如買種子等。村子不大，不到兩小時，整個派發工作已經完成，中午便離開了。他們的車駛到村口時，正好碰上他們第一戶派發救濟金的戶主，正興高采烈地提著酒和肉回來。當時記者感到非常驚愕，這位戶主手上提的東西價值也許佔了近半數的扶貧金，那麼，他們明年又將怎麼過呢？

這段報導令我想起當年魯迅先生本來是打算以醫術救治眾多的體弱患者，後來他感到麻木的精神比任何的不足更可悲，他放棄了行醫，而選擇喚醒人們的心靈為他終身的使命。在那次旅程中，我一直在思索，是什麼原因導致這個村子的人貧窮？自然因素？也許自然條件差使村子封閉落後，除了耕種以外他們沒有其他的途徑來獲得收入。除了這些還有什麼呢？從他們拿到扶貧款就去買肉的行為中看得出他們起碼存在著短視的心態，他們沒有知識，沒有與村子外的溝通，更沒有對明天的寄望，祖父是這樣，父親是這樣，兒子也是這樣，甚至孫子也會是這樣。每一代人都只是循著動物屬性的生息繁衍。什麼叫做人的尊嚴？

我把這段報導帶回維新的年度決策會上去討論。「回饋社會」是維新的核心價值之一，但以什麼樣的方式表達我們的社會

責任感及愛心的傳遞呢？經過深刻地探討，我們一致認為啟蒙貧困地區人們的智慧至關重要，有了智慧就可以創造無限，而200元，只可以買有限的酒肉。

是的，人類之所以偉大，是因為他們有思想、有精神、有語言文字溝通能力，因此而產生愛心智慧，而智慧便可以激發無限的創造力。於是，我們決定拿出350萬元，成立維新助學基金。

我們的助學計畫首選在維新集團新落成的工業基地江西省萍鄉市進行。在萍鄉偏遠的蓮花縣有兩個需要重建的小學，首批款項馬上運用於學校的硬性環境改造工作。

當學校建設完成後，我們應邀到學校去探訪。那是2003年6月19日，從萍鄉市區到蓮花縣的路程不長，但山路崎嶇，我們坐在車上一路顛簸，到目的地的時候，已是正午了。坐在車上看路邊的村莊，到處都是灰色的土房子，路邊的村民們好奇地看著我們的車隊。

我從車上走下來，看見村口整齊地站著兩排孩子，他們有的光著腳丫，有的穿著陳舊的棉布鞋子，手上拿著鞭炮，有的背著小鑼和小鼓，他們從村口開始列隊歡迎我們。

再度走近的時候，鞭炮齊鳴，鑼鼓齊響。出現在我們眼前的三層樓的淺藍色建築讓我們眼前一亮。在周圍古老房屋的襯托下，新建成的維新觀文小學顯得鶴立雞群，顯得靈巧而富有生氣，在亙古隔世的山谷中飛升，顯示出希望。

在歡迎會上，孩子一字一句地朗誦著詩，表達著對我給他們提供新的學習環境的感激。我觀察著每一個孩子的眼睛，它們那麼的明亮，透露出掩飾不住的歡欣。這些純樸的、聰穎可愛的孩子，用質樸的歡迎詞表達著他們的感謝。

　　也許正是因為他們用眼光傳遞給我資訊，我明白了自己所做的事情的價值。維新提供給他們的不只是一棟漂亮的、具有童話氣息的教學樓。我對孩子們說，維新給他們提供了一個掌握知識的環境，給每個孩子提供了一個機會，用知識去把家裏的房子建得像學校一樣漂亮，用知識去改變自己的一生。我希望孩子今天是小樹苗，明天都是參天大樹。

　　講完話，孩子們聚攏在我的身邊，他們並不敢靠近我，但是也很想表示他們的親熱，用眼光打探著我，眼中透露出一絲敬畏的神色。

　　在鄰近村子的維新江口小學，我們也受到了隆重的禮遇。

　　離開學校時，我和同去的同事們一路沉默，心緒一直難平。這兩所小學孩子們激動、渴望的眼神永遠烙在了我們心裏。我們做得還不夠，我們現在還只能做這麼多，我們希望未來我們可以幫他們更多。

　　維新觀文小學和維新江口小學加起來一共有600多名學生，不知道中國還有多少這樣的學生，多少這樣渴望的眼神。雖然我們的力量杯水車薪，但至少我們能牽起他們的手，讓他們透過深谷的間隙，探求外界的光明。

除了江西，維新助學基金也把眼光投向了西部，那是中國最貧瘠的土地。在青海省玉樹州稱多縣歇武鎮上賽巴村小學，有所學校有四間土屋子，教學設備極不完善，原來有學生100餘人，因為條件的簡陋，現在只能招收20名一到三年級的學生，而當地四五年級的學生卻要走很遠的路才能走到另外的學校。學校的設施、操場都需重建。在討論中，有的同事提出幫助在校舍原有基礎上進行改建，花費較少，而我的觀點很明確，重建學校。西部是更窮的地方，他們更需要知識。我們要在高原上建一所最漂亮的希望小學。現在，維新上賽巴村希望小學已經破土動工，新學期開始的時候，將有更多的孩子重返新的、明亮的教室學習。

　　維新助學基金所修建的兩所維新希望小學，讓我和全體同事見到600名學童因為維新的一種社會責任感而改善了學習環境，心中充滿欣慰，感受到被需要的快樂。這轉而又激發我們將助學視為回饋社會之永續目標。

　　2003年暑假，聽聞江西省萍鄉市200名剛被錄取的大學生因家庭貧寒升學受阻。我和同事們再赴萍鄉，又看到了被捐助的學生和他們的父母那熱切而感激的眼神。在捐助儀式結束之後，我又被學生們圍住了，他們七嘴八舌地介紹他們自己，其中有一個瘦小的女生，拉著我的手噙著淚說：「阿姨，謝謝你，我一定定期把成績郵寄給你，你是我學習的榜樣，我將來一定要超過你！」她認真的表情，清亮的眼神，深深地打動了我。雖然我

們這次資助名額有限，但這些被資助的孩子，如果能瞭解到有人這樣關心他們，愛他們，而好好地開始設計自己的人生，成為有用的人，這足以令我和全體同事欣慰了。

接下來怎麼才能讓有限的助學資金真正幫到那些值得幫助的人呢？我和同事們反復討論，有的同事提出在一所現有的中學裏設一個班，按照一定的程式對一個班級進行資助，這個方案很符合我的心意。

同湖北省天門市天門中學的接洽是相當愉快的。我們提出在天門中學辦一個維新班，招收54名家庭困難、品學兼優的學生，生源除三分之二面向天門市招生外，其餘的面向全國招生，維新集團每學期給維新班學員捐助1500元的學雜費。我們的方案讓天門中學很高興，我們似乎在做一件雪中送炭的事，讓很多學習優異但又準備離開校園的特困生又重新走進了他們的校園。因此，天門中學答應幫維新班組織招生制度，並統一進行日常的教學管理。在貧困地區建一所希望小學，讓貧困的孩子得到知識啟蒙，這是在知識的黑夜裏點燃一盞燈，我們可能會照亮一個村子，也照亮了幾個孩子的未來。資助幾十個中學生或者幾百個大學生，我覺得我是在建一座燈塔，被照亮的人一定理解燈塔所標誌的意義，他們在改變自己的命運的同時，也一定會有志於努力去改變他人的命運。

維新集團理念的第三條是「回饋社會」，我們把這條理念這樣闡釋：全體確立企業與社會及員工是一種互相依存的社會道德

價值觀；尊重人類的潛能智慧，由啟蒙教育以至持續成長，幫助有困難的人獲得應有的教育而達成自我增值。回饋社會的理念是我對財富理解的延伸，我理解財富來自於社會，它必將返回社會並為社會帶來更大的增值。從這個意義上說，我認為把它投入到教育，更能得到它本身的價值。

我更希望得到我捐助的人在事業有成之後，能延續我的財富觀，去義務地幫助那些需要幫助的人們。社全的發展需要更多人共同的承擔，人類的智慧需要更多愛心的培育。維新基金是一項永續性的工程，每年都有助學撥款計畫，但我一個人，或者我的企業所能盡到的義務只能是微弱的，似螢燭之光。如果這種助學之風能推而廣之，大家共同攜起手，社會將會進步得更快速。

多彩人生

「生活藝術大師極少區分工作與玩樂，辛勞與休閒，心靈與肉體，資訊與娛樂，生活與宗教。他其實不清楚什麼是什麼，他只是在做任何事時，追求其完美，讓別人去決定他是在工作或是玩樂。對他而言，他總是二者兼具。」

我喜歡這段格言，同時享受多重角色的人生。

我喜歡在辦公室邊工作邊聽音樂，享受著每秒60拍的節奏，讓心跳下意識地與它和諧合拍。讓手中的筆隨旋律滑動，編寫公司的發展方案。

我喜歡嚼著零食與同事研究配方，在剖析每個組合的過程中，單獨探究每種物料的特性與功能。組合後的互相作用，常摻雜著家裏燒菜的經驗，往往又在燒菜中引用研究塗料的化學及物理反應中的心得，其樂無窮。

我喜歡被我的兒女成功地改造成一個大孩子，與他們為伍。又驚又好奇地玩刺激的機動遊戲、吃支支冰……使我能在時光的隧道穿來插去，保持著對工作充滿激情……我喜歡在花園的魚池邊品茗讀書，聽著流水鳥鳴，看著花開花落，暫且抽離公司總裁角色，旁觀商海，感覺也似雲卷雲舒。

　　忐忑的心，無法接納世間的一切善美，所以，休閒不只是舒服地度假，它應是一種心態，一種意境。一種就算在匆忙地為工作趕路時，也可以愉悅地哼著或許跑調的歌的意境。

　　正如禪師所說：春有百花秋有月，夏有涼風冬有雪。若無閒事掛心頭，四季都是好時節。

平衡的角色

　　世人常認為事業型女子都目光犀利、行為果斷、工作辛勞、家庭緊張，我倒覺得未必。一個女人在事業有成之後，她以什麼樣的心態對待人生就直接決定她生活的品質。而我，則始終認為自己是一個普通的小女子。我很享受生活的每一個「當下」，成長如蛻，即便艱辛，也是一個人的必經之路。我喜歡享受被孩子們改造成「大孩子」的感覺。雖然我不認為失敗是成功之母，但我也並不刻意要求自己和他人完美；我喜歡嘗試，學習新的東西，欣賞當下所擁有的一切。我會為家人做可口的飯菜，也會陪兒女們聊天；會把同事當成朋友；會珍惜同每　個客戶見面的緣分。體驗生活，品嘗生活的千姿百態，我會覺得在生活中沒有留下遺憾是幸福的事情。

我很喜歡佛教的一個小故事，經常把它講給同事們聽：一次，佛陀在四處遊歷中，等待渡船過江，看見一個人在江面上來回「行走」。船還沒有來，佛陀靜靜等著。這個人反復來回地在江面「行走」，十分得意。佛陀問他：「你為什麼練此絕技？」那人答：「為了有過人之處。」佛陀問：「那你為了這個過人之處花了多長時間？」那人答：「30年！」佛陀又問：「30年來你還幹了什麼？」那人答：「練功！」佛陀笑道：「那你的家人呢？這30年來你有盡自己照顧他們的責任嗎？」

　　這個故事告訴我人生應該在於一種平衡。生存的意義並不是為了能人所不能，而是要明確我們努力是為了什麼。

　　現在我體會到我在塗料行業已做得很久了，而且具備了足夠的能力，這讓我產生了一種事業心。這完全是自然而然。也漸漸明白事業會讓我贏得尊重，也會讓我以感恩的心態來回饋社會。同時事業也未讓我在家庭中失去平衡，保持上進之心讓我與孩子更加靠近。

　　我的目標很明確，我要在工作中體驗成就的滿足，為家人、為同事、為社會均有貢獻，我不肯錯過每一點。

享受旅途

　　從在深圳建廠那天起，只要不出差，我就開始了每天早晚一次的從香港到深圳的旅程，只不過別人是「朝九晚五」而我是「朝七晚無定」。我每天早晨5點45分準時起床，這幾乎成了我的生物鐘，即使到了美國或歐洲，時差轉換，我還是會準時在5點45分醒來。稍做運動，吃完早餐，6點50分就準時出門了。

　　將近10年了。只要不出差，我就在重複香港—深圳，深圳—香港，這樣大約一個小時的車程。經常有人問我：「每天這樣跑，會不會很辛苦，是不是厭倦？」我也經常不厭其煩地回答：「不會啊，挺好的。我是真的很享受這段旅程。」

　　雖然往返多年，但路上的風景每天都在變換，與我同行的車是不一樣的，天氣也是不一樣的。我的車裏每天放的音樂也不

一樣，我每天利用這段時間想的問題就更不一樣。別人很難相信，我每一天都在享受他們認為同樣的風景。

同樣，我也很享受去中國各地，去法國、德國、美國的旅程。不一樣的人，不一樣的風景，每一次旅途都讓我欣喜。

有一次我和公司的三位同事一起去廣東揭西的一家汽車廠洽談業務，結束之後，天有些黑了，我們還有將近5個小時的車程。有些無聊，忽然我哼起林子祥的歌：成和敗努力嘗試，人若有志應該不怕遲，誰人在我未為意，成就靠真本事……唱完後我突然感覺到很有氣勢，於是我提議車上的每一個人都要唱歌，唱完一首下一個人必須接下去。如果誰接不下去誰請吃宵夜。同事們的情緒被調動起來，一個接一個地，直到車回到子公司才停下來。下車後大家嗓子都啞了，但是我看得出每個人都很開心，因為一天的緊張情緒就這樣被釋放出來。

我的同事在我的影響下都喜歡唱歌，這是一種很好地緩解壓力的方式。

我對待工作一向都是這樣，在緊張後馬上給自己減壓，或者哼著歌，或者開著同事的玩笑。日常坐在辦公室裏，我用香水噴在稿紙上撰寫文稿，讓香味彌漫在辦公的空間裏，自己獨個享受。我也會打開我的音箱，讓與我的心跳節拍相近的音樂沖進我的耳朵和心裏。

工作是一種享受，是生活的延伸，它絕對不該整天帶著殺伐之聲沒完沒了地混跡於商戰之中。

我很推崇老子的一段話：人生於天地之間，乃與天地一體也。天地，自然之物也；人生亦自然之物；人有幼、少、壯、老之變化，猶如天地有春、夏、秋、冬之交替，有何悲乎？生於自然，死於自然，任其自然，則本性不亂；不任自然，奔忙於仁義之間，則本性羈絆。功名存於心，則煩惱之情增。

　　我認為自然而然地處世，自然地獲得客戶的認同，不隨流，不矯作，那麼這種經營又何累之有呢？

　　自然是一種常態，遵循自然，可以使我自己不因過分的苛刻或者激進而疲憊。這在我創業的每一步都是這樣。從啟迪轉而創建維新，這是因為我及我的團隊、業界好友已經具備塗料的行業經驗和研發能力，所以很自然地我們自己研製出出色的汽車漆。

　　對於自己，雖然創建一家企業，但不會改變我的本質。我只是一個小女子，不管是在同事和家人之中。工作只是生活的一部分，我可以在工作中享受生活，也可以在生活中體驗工作，我為所擁有的一切而感到滿足。

我們公司有一隻大鳥

公司廠房的後面有一塊空地，同事們把它圈起來，栽種了很多果樹和花，有荔枝、龍眼、芒果……有專門的人負責定期修葺果樹，平時這個園子就被鎖起來。當果子完全成熟時，才可以摘下來分給大家吃。

有一次開完會，天已經有些晚了，我和阿鐘走出會議室，到工廠裏散步。經過園子的外牆時，突然發現裏邊的龍眼已經熟了，很想進去摘幾顆吃，但園子被鎖得牢牢的，有些洩氣。研究了一下，發現其中一處柵欄的欄杆與欄杆之間比一般的要寬一些。

阿鐘試著鑽進去，還是太窄，失敗了。

我去試了試，沒想還真鑽進去了。進去後就一個人站在果樹下，摘了新鮮的龍眼，剝了皮就吃。阿鐘站在外面要求我扔

一些出去，我就是不給，他在外面又羨慕又沮喪的樣子讓我很得意。

　　一番滿足地品嘗之後，我走的時候也沒有清理園子。

　　第二天行政部經理侯鳳祿首先發現了異樣，找到阿鐘說園子裏出現了大鳥，偷吃了龍眼。

　　阿鐘故意裝不知道，問他：「鳥有多大呀？」

　　「應該很大。」他回答。

　　「你怎麼知道很大呢？」

　　「啊！厲害。它竟然吐皮核都很整齊。」

　　阿鐘聽完大笑，找到我說：「有人報告園子裏出現很大的鳥偷吃龍眼，這可不得了。」

　　我聽他一說也笑得前俯後仰。決定再玩笑一番。

　　我把侯鳳祿找來，一本正經地問：「阿鐘告訴我，果園昨晚出現了大鳥偷吃我們的龍眼。太可惡了，你們可有防範再次被盜的措施？」

　　「對啊，我們應該防範防範。」

　　「怎麼防啊，鳥這麼大？」

　　「你怎麼知道鳥有多大呢？」他不解地望著我。

　　「當然知道，如果能把它�住，用來煮湯夠全廠員工吃。」

　　「真的有這麼大嗎？你怎麼知道的？」

　　我忍不住大笑起來，指著自己：「此鳥非彼鳥。」

　　這就是我，喜歡偶爾頑皮一下，讓工作氛圍輕鬆而活潑。

這顆童稚之心的煥發要感謝我的孩子們，我被他們成功地改造成
了大孩子。

慈愛常在

慈者，博愛、寬恕也。用在父母孩兒的關係上是最恰當的。我想，世上的任何關係都可以改變，只有血緣是一種永恆不變的連結。無論在我們的潛意識或顯意識，血緣的慈愛無處不在。慈，應該包含著彼此的愛與恕。

漸漸成長、成熟的我，為人之母后，開始學著感受被需要的滿足，拾回了許多慈愛的記憶。我慢慢地理解了慈愛並不是驚天動地的大事，它是滲透在我們每日生活中的點點滴滴，它貫穿在每一口餵食、每一次撫摸、每一個責備或嘉許的眼神。

我在清貧的家庭長大，自卑感很重，對周圍的一切都本能地投以無奈的眼光，少有激動，沒有意見，沒有態度，只有順從。

也許是我太苛求了，總以為自己兒時所得太少，甚至在不安的少年時期也偶有無理取鬧，父母都報以莫大的包容。其實，我應該明白以我父母那時的境況，能養活我們已是盡他們的所有了，我更應該理解因果的關係，不該隨性地想當然。今天我們九個兄弟姐妹，均能身體無恙、心智健全就可以說明父母對我們的成長沒有錯過每一步的栽培，並加以愛與恕的灌溉。

　　記得九歲那年的夏天，我念二年級，那時爸正在香港謀生。一天早上醒來發高燒、牙痛、喉嚨痛、右臉腫起，媽帶我去看醫生。現在回想起來，那個醫生一定是江湖郎中。他告訴媽我的喉嚨發炎，他用什麼醫方治療我不太記得了，印象最深的是他用一根鵝毛，蘸著中藥散，用力地插入我的喉內，我痛苦地大哭。由於膿腫，整個右面繃緊，一哭就更疼痛難耐。

　　三十多年過去了，媽那張淒然的臉孔，以及她徬徨的眼神，吃力地背著時已九歲的我奔走求助，至今想起來仍是那麼清晰。

　　2004年2月，爸離開了我們，這是我人生第一次送終，那是27日早上7點多，經歷了二十多天治療的爸終於被老人綜合症帶走了，他平靜、沒有痛苦地離開了。

　　當時我與二姐、六姐及九妹圍著他，由於是大清早，其他的家人還沒有到。我拉著他還溫暖的手，凝視著他那已閉上一段時間的雙眼，竟然在最後一刻，他的右眼溢出一滴並不渾濁的眼淚，順著眼角流向耳朵，二姐用手輕輕地幫他擦去。

我敢肯定，那滴淚水是爸爸給我們最後的訊息——他依戀著我們！他的淚水讓我深深地感受到他的慈愛永在。理論上爸已昏迷多天，應該沒有什麼知覺，淚，也許是一種靈性上的啟示吧。

　　我帶著父母對我的慈愛和寬恕，看著自己的孩子一天天長大，也漸漸從父母那裏悟到，該以怎樣的方式來對待我自己的兒女。世上也許只有慈愛和寬恕是永遠流傳的，他來自先輩，一代一代傳揚下去，永不終止。這種慈愛，並不會因為我是一個忙碌的企業主而改變，也不會因人的身份、人的地位而改變，事實上也是無法改變。

我的化骨龍

「未嘗為人父母，就會缺失一種最珍貴的感受。」

我這樣說不知道是否偏激了一點，但我真的這麼認為。我們結婚之後的第13個月就有了老大，繼而有了老二、老三。在4年零8個月的時間裏，我完成了生育全程。他們的名字含著我的期望，但我喜歡直接叫他們阿大、阿女、阿細。

老大出生時，我們的家境還十分清貧，40平方的住宅單元還分租一房給三位同鄉。我們的睡房放不下一張標準的雙人床，只好找木匠量體裁衣地把床做短了兩寸，空間之小可想而知。飯廳，更準確地說只是一條過道，需要時才把折疊的飯桌打開。

那時我正在大哥的公司供職，宅位的大廈就在恒昌對面，只隔著北街一條8米寬的街道，是擺滿小販攤位的市場。這也

好，買菜非常方便。每天下班買菜回家，用背帶背著老大做飯。懷著老大的時候我經常腰痛，但奇怪的是，懷老二的時候倒沒有，不知道是否因為身後背著老大而平衡了懷孕挺彎前傾的腰骨。

現在回想老大的身體一向不錯，儘管他幼時經常拒絕進食。他剛開始吃固體食物時，我幾乎每天晚飯都買一條兩斤多重的魚。清蒸魚，清炒菜，有時加兩隻清煮鹹蛋，這就是每晚的食譜，一來簡單易做，二來蒸魚的汁用來和米糊餵老大。因此，老大倒是吸收了很多魚的營養。

從他們身上，我充分地感受到被需要的滿足。儘管把家搬到稍微大一些的銅鑼灣居住時，我呢吧已可以負擔得起聘一位全職保姆了，但他們就是不肯與保姆合作。例如，他們不會聽她的叫聲起床。

我懷著老三時偶有疲累不願活動，但早上一手抱一個，三人組一起刷牙是每天早晨要完成的第一件事。他們的校巴司機經常笑我，被孩子鍛煉得那麼強壯，每天接放學時都能一手抱一個把兩個孩子接走。

孩子們都不肯吃魚，怎麼辦呢？我跟他們一起做功課時發現他們對鮮豔的顏色特別感興趣。專挑鮮黃色，鮮橙色的蠟筆畫在白紙上。我突發奇想地為他們做了一道這樣的菜，讓他們開始吃魚啦，而且吃得還很高興。我用橙切片鋪在白色的磁碟邊上，顏色飽和度極高的鮮橙肉，被橘紅色的橙皮繞著，斜疊兩

層，宛如一條奪目的花邊，內盛生魚片炒蛋。事先我做足宣傳：「媽今晚會燒一道從來沒有做過的菜，不但是全新組合、營養豐富、色香味全，而且你們明天還可以向同學描述炫耀一番。他們果然買了我的賬，把全盤掃光，包括飾碟的鮮橙。這樣我就省事了，不但那餐不用太費勁餵食，而且連飯後的水果也一併完成。

難怪人們說推銷是人生一項永遠的職業，總統需要國民理解他的政綱，主婦需要家人理解她的愛心。孩子們教我明白了這些。因為在乎他們，我學會了觀察；因為他們需要，我努力地工作，以求改善物質條件；重視自己的健康及儀容，不斷學習以求對社會的認知及價值觀與他們同步。

最近，老大跟我閒聊。他現在已上大學了，念商科。談起經濟學的物質當量，他很自信地說：「在經濟學上，任何物質都是當量對等的。不對等時一定會在不穩定中尋求平衡，直到對等才會穩定。」

「那也不一定，錢去換物質以外的東西又怎麼算呢？」我說。

「那就憑精神的主觀判斷物質的分量。」他突然笑道：「媽，想來你有項投資很失算，至今仍回報無期。」我也笑了：「是啊，想來我真失算，投資你這條化骨龍……」他更得意：「咳，你真不應該，失算一次還不修正，要錯夠三次才得安樂。」我們哈哈大笑，我這三條化骨龍，盤居了我的所有，也同時給了我更多。

月缺月圓

　　孩子們小的時候，就很乖巧，那時候他們似乎在精神上很能為我分憂，有時候一些天真的話，也充滿了哲理味道，讓我思索，也讓我的人生豁達起來。

　　我記得有一次我帶兒女們去買霜淇淋，車上正放一首歌：「你問我愛你有你深，愛你有幾分……我的情也真，月亮代表我的心。」那時，他們都在讀小學。白天我們上學、上班各自繁忙，晚飯後等孩子們完成功課後，我總是找機會開車到外面轉轉，或者吃雪糕或麥當勞的麥樂雞，這都是我們當時相當不錯的睡前娛樂節目。

　　當時，我對《月亮代表我的心》有些不能認可，直接跟孩子們說：「我不太同意這首歌的歌詞，月亮有圓有缺，心可不能，怎麼代表呢？」

「媽，我不同意你的說法。」女兒接下我的話茬，她那時是小學四年級的學生，她說，「人的心有快樂及不快樂，不就好像月圓月缺嗎？」

「不對吧，這首歌當然指的是感情啦，感情應該保持在穩定的月圓狀態啊！」我堅持著。

「哦，那很難，如果你希望感情每天都像月圓，那是太高要求了。」她一本正經地向我辯解。

「是嗎？」被她這麼一說，我倒是有些迷惘了，我一直在期望著，感情之心應該每刻豐盈，從來沒想過要承受月缺，難怪我經常心煩。

「誰都有開心不開心的時候，這首歌寫得很好，人的心情當然也就像月亮一樣嘛。」她補充著。

我思索著，提示我的女兒繼續說。

「我認為當人不開心時算是月缺，月缺等幾天就會月圓，那人就開心了嘛。」她一臉的認真，像早就理解似的，而我卻要更加深入地思索她的話。

人開不開心，就像月亮一樣有圓有缺。月缺不久自會圓，人的心情也應該這樣，不要太執拗，順其自然就好了。我奇怪她怎麼能把兩種景況演繹得那麼恰當呢？對那首歌的深意我倒沒有仔細想過，但我真的願意如我女兒所想，接受月缺，享受月圓。我笑了，不知道為什麼，也許是心懷安慰吧，我這個幼稚的蠢女人，居然可以生出如此乖巧靈性的女兒。

退一步海闊天空

1998年暑假的一個星期天，早上起來，想起幾個星期來未見父母了，今天正好閑著，於是致電媽媽相約共進午餐。父母剛好也沒有什麼安排，於是約好11點去接他們。

這是一個不錯的安排，我的父母習慣事事靠早。早餐是5點半，午餐是11點，晚飯是6點，非常規律。而我的丈夫及兒女則喜歡睡懶覺，如果不用上班、上學，早餐肯定不用安排。所以11點一起午餐正好符合三代人的意願。

早上10點多啦，我逐個叫醒他們，看著他們睡眼惺忪地去洗澡，以為完成計畫程式的第一步了。不料再次進入老三的房間時，見他仍躺著不動，閉著眼睛偷笑。

「喂！衰仔（調皮蛋的意思）你怎麼還不起床！」我笑著。

他睜開眼，睛鬼靈精地轉了兩圈，又閉上，笑著說：「哼！

媽，你知道嗎？只有乖仔才會跟媽媽合作。衰仔是不會跟媽合作的。正如你每天早上來抱著我，輕輕地拍著我的屁股叫我乖仔起床，我都會合作得讓你抱去洗手間，但今天你沒有這樣做，而且還叫我衰仔，既然是衰仔就不用跟媽合作啦，我就不起床！除非你像平時叫我起床上學那樣⋯⋯」

我一下子反應不過來，我已說明我們約好了外公、外婆去吃飯，時間快到了，而他居然還在這裏跟我講條件。不料他再補充一句：「你要拍我的屁股二十下，而且要像平時那樣溫柔的聲音叫我乖仔，成不成交？」

哎呀，向我叫板？我火了。「阿戲，我正式通知你，三十分鐘之後，你必須完成洗澡及穿著整齊地在樓下客廳等我！」我一字一字咬著牙說，唯恐威嚴不夠，也沒有考慮他的感受，說完轉身步出房門。

一分鐘後我感到非常後悔，我真的不應該，他只是撒撒嬌，跟我開句玩笑，我怎麼把事情如此升級呢？好了，現在該怎麼辦？好不容易一家人外出共敘天倫，就這樣被我毀了氣氛嗎？而且，現在怎麼辦？我已經把話說到沒有轉彎餘地了。可能是他堅持躺著不動，那我怎麼辦呢，難道就這樣把他丟在家裏不管嗎？就算他勉強服從了，肯定也不開心。我為自己的行為感到沮喪而且自責不已，但又沒有勇氣去與他和解，只好步向自己的房間，打算靜思一會兒，被動地等待將會有什麼事情發生。

當我剛踏入房間，我聽見急促的光腳跑步聲，沒來得及回

頭，已被老三推倒在床上。他坐在床邊，機靈地笑著：「好，我們來一個角色轉換吧，現在我是老爹，你是乖女。」說著，他用力地扳動我比他龐大很多的身體，抱著我的頭，拍著我的屁股，說道：「乖女，起床，乖女，起床啦。」

他把我扳轉過來，一臉天真地說：「好，現在我們和好啦，你是乖女，要起床，我是乖仔也要起床，我們都快洗澡穿衣，看誰先到客廳。比賽開始！」他轉身就跑了。

我如釋重負，不能用任何言語描述我那時的感受，兩顆眼淚滾了下來，我太幸福啦，有如此體諒我的兒子，更難得的是他能如此輕鬆地給我解圍。我明白他是太在乎我的感受了，自己退一步讓我感到海闊天空。這份感激，足以溫暖我的一生，我經常引用這件事提醒自己，體諒、包容、退一步讓彼此感到海闊天空。

仔仔洗車車，媽媽睡覺覺

　　美國的法律規定，人到16歲就可以考駕駛執照合法駕車了。老大16歲生日時我買了一輛白色的帕薩特給他做生日禮物。

　　自從老大14歲到美國讀書以來，我每年大概到美國探望他三次，而他則於暑假、耶誕節及復活節都回家。那麼，一年三來三回倒也不覺距離怎麼遠，加上每天通電話，就像在身邊一樣。

　　他在美國住我二姐的家裏，有表哥、表姐陪伴，姨媽照顧，還有獨自一個小房間，一張不大的床，日子也很好過。每次我去探望他時，我們都睡在一起。我是一個很依賴他的人，或者更準確地說，兒子是一個值得依賴的人。到美國探望他，都可安心做老太。將所有時間交給他，由他安排及照顧。

　　我記得他第一次照顧我時，還不會說話，在床上爬著，看見我洗完澡濕著頭髮坐在床上疊衣服，他便在衣服堆中抓了一條

幹毛巾，爬到我的腿上給我擦頭髮，我摟他親。那時他正在長牙齒，大量的口水滴濕我的襟前。他那個滿足的眼神，至今仍是那麼清晰。

「我今天不用上學，有什麼提議？」他問。

「你安排好啦，我沒打算。」我懶洋洋地躺著。

「好，那麼你聽聽我的計畫吧：一會兒我們先去逛車行，讓你多看看美國的各種各樣的汽車及顏色潮流，並可索取大量設計精美的汽車說明書。符合你的工作娛樂結合風格，也是我的喜好。之後，我們到那個風景很好的碼頭餐廳午膳，那段沿海的公路風景很好。我們可以驅車漫遊。黃昏前回來與姨媽一家到球場會所共進晚餐，滿意嗎？」

「好，完美安排，無可挑剔，我該起床啦。」

「不用心急，現在還早，車行未開門。聽著：仔仔洗車車，媽媽睡覺覺。等仔仔把車車洗淨，帶媽媽去街街。」他把我的手放入被內，親吻我一下便出去了。

我滿足地閉上眼睛，對造物主的恩賜充滿感激。

這是我的三個孩子，他們各有他們的乖巧處。與他們在一起我總是感覺自己就像一個孩子，沒錯，我也樂意與他們為伍。這是造物主對我的眷愛，讓我的心靈在三顆心靈裏息憩。

你準備好了嗎

　　《相約星期二》的其中有一節是描述 Mitch 在與 Morrie 每星期二相敍的課題。據說佛教徒相信每天在心靈上都有一隻鳥，它會停在你的肩膀，輕輕地問：「你準備好了嗎？」

　　生與死就是人生永遠的課題，正所謂人生無常，意外無處不在。既然如此，死，又怎說是一個不能討論的題目呢？

　　對待這樣的題目，我常常以這樣的心態：趁自己具備生存能力時立好遺囑，把該做的事儘量完成，提醒自己不留遺憾，每日睡前回顧，也該是給自己加分的享受時刻。

　　2002年6月11日，早上6時多，我如常駕車上班。那天下著很大的雨，出門前阿鐘來電話說雨太大，讓我不要自己開車。他說他會到羅湖車站來接我。我並沒有同意他的看法，因為我素以為在清晨駕車感覺很好，雖然下雨但不至於連這點能力都

沒有。況且那天我們的財務顧問Andy也會乘我的車到工廠，路上也有照應。

其實那時雨不算太大，只是路上有些積水，由於路面傾斜，快線車道上的積水更多。車如常在機荷高速公路上賓士著，一切都很順利。

但意外還是發生了。

那時我沿著快線車道行駛，很深的積水讓我感到車子失控，我本能地猛踩腳剎，車向右以90度撞向欄杆，由於車速太快，剎車太猛，我只感覺一陣排山倒海的猛烈撞擊，讓我的身體帶著安全帶像巨石一樣向前一拋。

我來不及任何反應，準確地說，也不記得做了什麼反應，只知車如遊樂場的碰碰車般前後反彈地撞了3次停下了，橫在路中央。

「葉小姐，你沒事吧？」Andy驚惶地看著我。

「哦，還好。」我拍拍自己的臉，本能地要把自己從另一個世界拉回來。

「你呢？」

「我？哦，沒事。」

那時大約是早上的7點半，下著雨，來往的車很少。莘好撞車時沒有其他的車共用這塊路面，要不然還會累人累已。

我們試著開車門出來，儘管有些難，但還能走出車廂。站到路的安全線處，平靜地致電阿鐘求救。

在等救援時，Andy喘定了氣，仍然驚慌地看著我，問：
「你相信神佛嗎？」

「怎麼呢？」我不解地看著他。

「我想你應該去酬神，大難不死。」

「那倒不用。」我反而輕鬆地笑道。

看著他惘然疑惑的眼神，他似乎在想：「莫非她嚇癡啦？」

「我並非嚇癡了，放心。」我笑著說：「我不知道是否有神與佛的存在，但我願意相信有，而且尊重他。正因為對神佛的祈望，所以我認為他更願見到他的子民相互博愛，為社會各盡其力。對神佛感不感恩，我猜他不會太介意，反而，他保留了我的生命，肯定期望我能對人類有所助益。我應該感謝他今天的提醒，明確地知道將來自己該怎樣做。」他仍不解地望著我。

阿鐘與其他的同事來了，他們的驚呼聲提醒我發生了什麼事，我審視著那輛損毀不堪的愛車及撒滿一地的破損部件，真是慘不忍睹。

最後那輛車以完全報廢與我告別。

事後很多人都曾告訴我，每一個目睹這輛車狀態的人都會問：「當時的駕駛者死狀如何？真是險事呀……」

但我卻毫髮無損。

20分鐘後我回到工廠，同事們都如常工作，好像什麼都沒有發生。我也工作起來，同樣好像什麼都沒有發生過。我突然感到生命對於人的意義，在一分鐘裏，我曾跨越生與死。晚上躺在

床上，感到全身肌肉疼痛，也許是太用力把住方向盤而不自覺地全身神經過分緊繃的緣故吧。

我如常地在執行我從基督教學來的祈禱程式：

感恩：今天，我的運氣太好啦，我駕車操作不當也沒有受到太多的懲罰，更值得感恩的是那一刻居然沒有任何車輛與我共用那段路面，否則導致他人危險，遺憾更多。而我的同事更為我處理了一切的麻煩，免卻了因此而導致的煩心。

檢討：今天注意力也許有點不太集中，老三昨天剛出門念書，理性上我是完全接受的，但那種潛意識的不安卻有點揮之不去。為何不坦然地正視這種心理狀態而做出應有的調整措施呢？

盼望：盼望著明天更努力地完成我曾想過的，已在安排的事情。更坦然地去發掘心中的意願，應允許自己敢去幻想，敢去擁有……我，赤條條地來到這個世界，現在，我已有擁有太多。我有好的家庭、有好的同事、好的朋友並有無數的恩師。在每一個與我同行的人，都帶給我許多啟導。因為我總能同於我助益的人為伍，這40多年來我活得如此豐富。我心中充滿感激，更明白每天要為死亡做好準備，不要愧對自己的靈魂。

精彩的永續

　　跨越40多個春秋走到了今天，明天，我仍然是一個匆忙的趕路者。因為這個世界太精彩了。我不想錯過任何一個能駕馭自己的日子。在退休之後亦然。

　　我的朋友們經常說我貪心而且花心。見什麼都想要，例如見郭老師就動心要去學國畫、書法；見李清遠就要去學琴；見葉老先生就想到要去學攝影；聽了林子祥、徐小鳳的歌就想去學歌唱……對這些友善的質疑我不以為然，並自信地認為這些潛在的精彩遲早都會屬於我，他們將在我未來的日子裏填滿我所有的時間空間，但絕不會令我的思維跑道塞車。

　　除上述這些之外，我還潛藏著一種很深的渴求。我與我的兄弟姐妹感情很好，那種互相攙扶的心態是父母根植在我們心中的共同的情感使然。對父母，我們都秉承著傳統的古訓，孝敬雙

親。但我需要的並非僅僅是血緣聯繫，更渴求在精神生活上與他們相互需要，在情感上相互依偎。

「你這個沒用的東西，從來就不懂得關照你的姐姐們！」二姐笑著罵我。

「你的娟姐就不同，不管到什麼地方、什麼時候，都會想到與我們一起。」三姐一旁助威，五姐及大姐都在起哄中聲討我。

「別罵別罵，我會嘗試著修改自己，把我罵得傻了，會忘了你們剛才的提醒。」我笑著招架她們的數落。

我應該有一條專用跑道，供我駕車載著我的兄弟姐妹們，在與他們坦蕩的嬉鬧中，充分享受童年般的純真、快樂及互相依偎的情感。

琴聲漫語

　　當老大六歲時，我買了一架88鍵的雅馬哈鋼琴，並為他聘了一位鋼琴師。不料，沒幾個月他就對我說：「媽，我不喜歡彈琴，不學行嗎？」我很少勉強他，雖然不太高興，也接受了。心裏想，不學就不學，反正還有老二、老三，琴總不會浪費。

　　我對老二學琴較為看好，因為琴師告訴我她已達到了考二級的水準。為了鼓勵老二，我自己也試著跟琴師學。不料幾個月之後老二也向我提出了同樣的要求，她也不想學了。這樣，這架鋼琴似乎成了古董，在房子的一個角落裏，落寞地呆了很多年。

　　有一天，我的一位小學同學李清遠造訪。多年不見，我們已步入中年。寒暄一番後我們的話題很自然地穿越時光隧道回到了童年。

「你爸是我們石龍著名的小提琴手，他現在怎麼樣？」

「啊，還好。他退休了。」

「他有教你提琴嗎？」

「你不記得嗎，我當時是全石龍中學最出色的小提琴手？」

「我怎麼知道，難道你不記得我在小學五年級就輟學啦，哪有機會知道你在中學的輝煌。」

「啊，對不起。我記得自從你離開學校之後一直都不想見我們。」

我們沉默了一會兒，仿佛在尋找著昔日的痕跡。

「我見你客廳裏有一架鋼琴，誰在學？」他問。

「已經沒有人學了。」我苦笑著說：「本想買給小孩學，他們都沒興趣，算啦……」

「那你自己學吧。葉鳳英，音樂能陶冶人的性情，讓你樂在其中。儘管如你所知，我為生活營營役役，但當我拉琴時我卻可以忘掉所有的煩憂。」

「我能想像，雖然我沒有樂理基礎。」

「不要緊，我教你。」他走向鋼琴坐下。

「你會彈鋼琴？」

「我已教我的女兒通過了八級考試。告訴我你喜歡什麼歌？讓我彈給你聽，而且教會你彈。」

「你會彈《不了情》嗎？」

「會。」他點點頭。

幽怨的樂曲就從他指尖的起浮間流出，彌漫在安靜的房間裏。

　　我附和著輕唱，回味著影片中《不了情》那淒美的片斷，「忘不了，忘不了……」

　　音樂真得可以讓人拾回許許多多的忘不了，打開許許多多的忘不了，更可為將來締造許許多多的忘不了。

　　事隔幾年了，我仍未開始學鋼琴，但我知道，有朝一日那架鋼琴終不會寂寞，它將有我陪伴在側，與之傾心漫語。

心中有畫

「誰人多事種芭蕉，風也蕭蕭，雨也蕭蕭。」

這是郭老師那充滿禪意的畫室裏其中一幅國畫裏的語句。畫中之景是雨夜裏一個煩躁不安的農夫，這與佛教禪師的「四季都是好時節」剛好形成強烈的反差。溫馨的風雨之夜，浪漫的風雨之夜，悲涼的風雨之夜，你有什麼樣的心境，你就能在這幅畫中看到什麼樣的意境。

風雨芭蕉，大自然所賦予的一切，都是人生的濃墨重彩，填在那面只供感悟的心牆上。旁邊的另一幅國畫是一個和尚面對一堵空白的牆，標題竟然是《讀畫》。

「他心中有畫？」我用徵詢的眼光望著郭老師。

「對，你怎麼悟出來的？」他用嘉許的眼光打量著我。「很多人都會問我牆上無畫怎麼讀。」他補充著，領我坐下喝茶。

「你對禪的感悟修為不淺呀。」

「哪裏，我很膚淺。」我們談了一會兒有關禪的感悟，郭老師是深圳大學教授，他博學多才，謙厚豁達，與他聊天真的是一種享受。

「你對國畫及書法有興趣嗎？」

「慚愧，我不懂。」

「你不喜歡嗎？」

「我沒有藝術天分。」

「你怎麼知道？」

「我在學校的美術課上畫畫從來不及格。」

「真的？」

「是，有一次老師要我們用素描畫一隻玻璃水杯，還有光線投下的陰影，那一課我的得分是20/100。」

「為什麼？」

「老師說我畫的太差了，完全不像一隻水杯。」

「那像什麼？」

「像一隻手電筒。」我尷尬地笑笑。

「那你就從此不畫畫了？」

「既然朽木不可雕，算了吧。」

「那老師太可惡了，這麼有感悟的學生讓他弄得如此自卑。他根本不明白畫畫的精髓，如果只是畫一隻水杯就像一隻水杯，畫一個蘋果就像一隻蘋果，那麼，你永遠達不到照相機的效

果，他不明白畫畫的目的並非代替照相機，而是要表達創作者對人生的感悟與修為。」

他歎一口氣，啜飲著清茶，忽然轉過眼來盯著我：「我教你，我相信以你的感悟及表達能力，在我的指導下，畫畫將會成為你的情感依託。」

我受寵若驚，他那堅定的眼神讓我受到了鼓勵。幾年過去了，雖然我還未開始跟郭老師學畫，但他的話讓我提升了幾分自信。我在想，當某天閑來，就開始著手學畫，這肯定會成為我生活的一部分。

擁抱永恆

　　2003年1月12日，我來到南昌參加江西省第九屆政協會議，這是我第一次以省政協委員的身份參政。萍鄉市政府特別重視此次會議，彭豔萍副市長等人陪同，專車護送大家，讓我們在一番禮遇下報到及入住。

　　房間很寬敞，兩盤水果盛得滿滿的。南豐桔、新疆梨及香蕉堆疊著，飽和的顏色及果香讓人心情喜悅，還有一盤也許是南昌特有的花生，小小的果殼竟然包著三或四顆果仁，口感特別好。

　　寒暄一番後，他們便告辭了。我獨自在房間隨手翻看桌面上的檔，原來檔下還有一個相框及一本畫冊。相框裏有一幅名為《荷》的攝影作品，作者是葉學齡。還有一張以鶴為題材的賀年卡，上款寫著我的名字，落款簽名是葉學齡。再翻開攝影集，一

幀幀精彩的照片令我目不暇接，這本畫冊題名為《婺源鴛鴦》。原來在鄱陽湖畔的婺源，有如此多的鴛鴦，而作者又能捕捉到如此精彩的片刻，我看完全本後想再翻一遍，在扉頁處看到作者介紹：

葉學齡，1933年6月出生，江西省進賢縣人，1952年參加革命工作，同年加入中國共產黨。歷任縣委書記、行署專員、地委書記、省委統戰部部長、省政協副主席等職。中國攝影家協會會員、江西省攝影家協會名譽主席、江西省生態攝影研究會會長，作品曾獲得十九屆全國攝影藝術展金獎、全國第五屆攝影藝術節金獎提名獎。

我不禁對他的敬業精神起敬，立刻萌生了拜會他的渴求。

第二天，我向大會的工作人員簫芬女士提出想見他，得到的回答是：「不巧，葉主席收到情報，鄱陽湖又來了很多候鳥，他又去攝影了，這次一去要10多天才回來，所以不能安排您見他了。」

我頗感遺憾，當會議結束離開南昌時，我給雖然素未謀面，但已成為我偶像的葉學齡先生修書一封，表達對他的敬仰，並托簫芬女士轉交他：

尊敬的葉學齡先生：

非常感謝你的禮物，當我細閱你的作品及拜讀序文及後記後，對你的敬意油然而生。你珍惜生命的每一刻，退休並非你服務社會的句號，反而是你貢獻人類的新起點，以攝影藝術攀登精

神上的峰嵐。

　　我雖然不懂攝影藝術，但卻能從你的作品中領略到你捕捉
瞬間的能力，將一瞬即逝化為永恆，以藝術傳播喚起人們的環保
意識，我向你致敬。

　　如蒙賜教，請隨時聯絡。

葉鳳英

2003 年 1 月 16 日

離開南昌不久的一天，我接到一個來自那裏的電話：

「葉女士嗎？我是葉學齡。」

「啊，葉先生，你好。」

「什麼時候來南昌？我準備了一些畫冊及新拍攝的作品送給你。」

「啊，那太謝謝了。」

「哪裏，哪裏。」

2003年4月，我專程到南昌拜訪了葉先生。之前我先致電相約，他表示歡迎，並堅持要派車接送及安排住宿。

我住進葉先生安排的房間時，幾本他的攝影集及極品綠茶已放在那裏。那晚他還特意安排請我在南昌市郊的一個小飯店品嘗最正宗的南昌美食，而且還是絕對沒有污染的，因為，所有食品都是自家出品，蔬菜就是在你的視線範圍內的田園採摘來的。

「我很崇拜你！」我直接地表示了我對他的敬意。

「你客氣，我倒很欣賞你的文筆及你的感悟。」

他慈祥地看著我，喝著湯：「你的信讓我更欣賞自己了。」他微笑著，竟然把我寫給他的信一字不漏地背誦出來。

「小葉，你會攝影嗎？」

「慚愧，我不會。」

「用心去指揮鏡頭去捕捉你想要的，不難做到。」我望著他那朝氣蓬勃的顏容及健康的體態，很難想像他已年過七旬。

「我退休後，要當你的助手，為你去扛攝影器材。」

「小葉，告訴你，攝影在體力上自然是一件非常非常艱苦的事，你也許受不了，但我所得到的滿足也是其他人無法感受到的。如果你願意，我可以帶你體驗體驗。」

　　「等我退休，我們一言為定。」

我的願望

「1958、1959年出生的人士請注意,你們的智慧身份證換領日期自2004年7月26日開始……」車上的收音機在廣播。好,我該換證了,我不該等,因為我每天出入境都需用身份證,而我的身份證已經很破舊了,於是約好27日晚上辦理換證。

「Sandy,明晚忙不忙?想約你聊天。」我的朋友來電話。

「不巧,明天晚上已約好去辦理換身份證。」我答。

「換身份證?提醒你換身份證也是一種預示。所以你必須想想你所希望的身份。」

「身份就是自己,有什麼想的。」

「當然是自己,但自己可以擁有很多種角色,也可以有很多種心態,正所謂內形於外,你心裏所想,照片就會出現何種神態。」

「那又怎麼樣？」

「讓自己無拘無束地想，不要坐在固定的位置上想，想到什麼算什麼，都把它記下來，隨緣隨欲，但都在這樣的層面：1.你在維新的角色願望。2.你對自身修養的展望。3.你對家庭的願望。」他接著補充說道：「記住隨緣隨意地想，身份證的相片將隨你的心意展露於顏容，給你提醒。」

我雖不解她的含意，但我照辦了。27日下午，我開始思索，目前的我希望是維新的什麼角色？對我的自身修養有何展望？對我的家庭又有何願望？我拿出一盒彩色的筆，放在會議桌上，攤開我的記事本，在我的辦公室裏來回走動著，聽音樂、喝綠茶，吃著芝麻糖，辦公室的每一物件都給了我許許多多，但又模模糊糊的啟示。拉開窗簾，遠眺群山，近看綠草紅花碧樹，忽然三個意念同時跳上心來。我選了一支藍色的彩筆，在記事本上寫上了第一句：「做維新帶領者而非管理者。」再選了一支紫色的彩筆寫上第二句：「海納百川，襟懷廣而德謙下。」再選了一隻紅色的彩筆寫上第三句：「勤栽善樹，福蔭子孫。」再選了一隻綠色的彩筆草簽了我的名字。

看著這色彩繽紛的字，我滿意地啜飲著芳香的清茶。

黃昏7時，我準時到達辦理換身份證的地方。現在政府部門服務周到且辦事高效。我在禮遇下完成了換證的過程。經辦的職員對我說：「你照相時充滿了自信的笑容。」我不知道她是否只是善意讓我開心，但我確知三個願望已經寫在我的腦海。

人生是一場美麗的修行

作　　者： 葉鳳英
責任編輯： 四方媒體編輯部
版面設計： 陳沫
初版日期： 2022年1月
定　　價： HK$88 / NT$280
國際書號： 978-988-14411-9-5
出　　版： 四方媒體
電　　郵： big4editor@gmail.com

發行　　　聯合新零售(香港)有限公司
　　　　　地址：香港鰂魚涌英皇道1065號東達中心1304-06室
　　　　　電話：(852)2963 5300
　　　　　傳真：(852)2565 0919

網上購買 請登入以下網址：

一本 My Book One　　　　香港書城 Hong Kong Book City
🌐 [www.mybookone.com.hk]　🌐 [www.hkbookcity.com]